普通高等教育"十一"五国家级规划教材

服 装 工 程 技 术 类 精 品 教 程

服装立体裁剪 提高篇 (2版)

DRAPING FOR APPAREL DESIGN

丛书主编：张文斌

张文斌 著

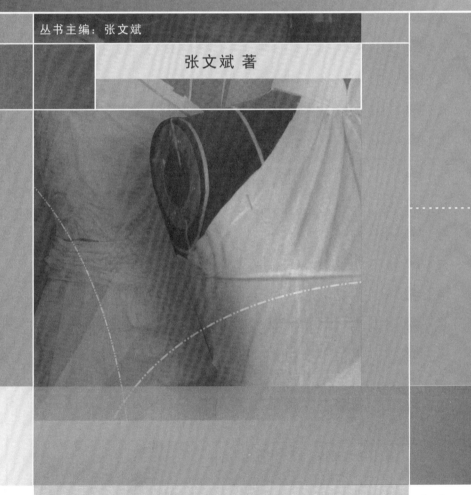

东华大学出版社·上海

图书在版编目（CIP）数据

服装立体裁剪．提高篇/张文斌著． —2版 —上
海：东华大学出版社，2015.8
ISBN 978-7-5669-0857-5

Ⅰ．①服… Ⅱ．①张… Ⅲ．①立体裁剪—高等
学校—教材 Ⅳ．①TS941.631

中国版本图书馆CIP数据核字（2015）第168813号

责任编辑 谭 英
封面设计 李 博

服装立体裁剪·提高篇

张文斌 著

东华大学出版社出版

上海市延安西路1882号

邮政编码：200051 电话：（021）62193056

新华书店上海发行所发行 上海锦良印刷厂印刷

开本：787mm×1092mm 1/16 印张：16.25 字数：405千字

2015年8月第2版 2015年8月第1次印刷

ISBN 978-7-5669-0857-5/TS·628

定价：41.00元

前　言

　　国际上关于服装结构的构成方法有两种：平面构成和立体构成。在企业的实际操作中常是两种方法的综合使用。目前常规的认识认为：平面构成方法（俗称平面裁剪）适用于通过操作者的逻辑推断或经验的借鉴，运用一定的制图公式或尺寸，能将服装造型（3D）转变为平面的服装结构图形（2D）的服装类型，一般来说这种服装类型应是有规则的，能用数学语言加以概括描述的；立体构成方法（俗称立体裁剪）适用于服装造型变化复杂（常为皱褶、垂荡、波浪、折叠等变化造型），或是材料悬垂性、飘逸性良好而导致平面操作难度高的服装类型。由于这种认识的存在，加上两种构成方式的教学成本的差异，所以目前我国的服装构成教育模式基本上以平面构成为主、立体构成为辅，即在立体构成基础课中讲述服装原型及基本衣身平衡的构成原理，在立体构成应用课中讲述复杂造型的女装构成方法，这无疑是目前最可行也是最适合中国国情的模式。但从长远的角度来看，提高立体构成课程的比重无疑是学科未来的发展方向。这样的观点基于两个方面的思考：一是目前发达国家如英、法、日、美等国的服装名校的教学都是以立体构成为主、平面构成为辅，这种共性自有其深层的理性的考量；二是从实践来看，立体构成不光是一种构成服装布样的技术方法，而且是一种在人体模型上直接设计服装造型的艺术构思手法，这种直观的，能将人体、素材、造型三者密切结合成一体的艺术构思手法是其他任何设计手法所不能比拟的。这种构成方法在灵感萌生、想象能力的启迪方面，对设计者尤其对艺术类的学生来说很重要。因此，我国的服装结构构成教育的模式应该逐步与国际接轨，至少应该尽快将艺术类院、系的课程教学过渡到以立体构成为主、平面构成为辅的模式，逐步地提高工科类院、系课程的教学中立体构成的比例。这对于实现我国高校服装教学的可持续发展是十分重要的。

　　《服装立体裁剪》是普通高等教育"十一五"国家级规划教材，也是东华服装精品系列教材的组成部分，分基础篇和提高篇两个部分。基础篇分析了服装立体构成的历史，所需的用具及前期准备工作，示范了各类基本造型的操作方法，重点解析了操作要领；提高篇分析了服装立体构成的技术原理、艺术方法，示范了各类变化造型的操作方法，重点解析了操作要领。基础篇由东华大学服装学院刘咏梅副教授撰写，提高篇由东华大学服装学院张文斌教授撰写。本书汇集了作者们二十多年的教学心得、研究成果，凝聚了作者们的心血和艰辛的劳动成果。参加工作的还有雍飞、任天亮、周攀等。

　　《服装立体裁剪》具有知识系统化、原理突出化的特点；既有良好的可操作性，也有很高的理论性；既填补了国家级规划教材中此类教材的空白，较之国外同类教材又显示出了更强、更系统的理论性。希望此书能在百花齐放的高校服装专业教材的苑园中绽放，同时能得到广大服装设计、技术人员的喜爱。

　　在此谨向所有为此书的撰写、出版付出关爱和劳动的前辈、同辈及后辈们表示诚挚的谢意！

东华大学服装学院

张文斌

目录

第1章 立体裁剪的技术原理

国内外有关立体裁剪的技术探讨,尽管纷杂,但总的来说,大致可以概括为以下几个要点。

1.1 标准人台

立体裁剪最重要的准备工作之一是选择标准人台,并对其进行标志线的设置。所谓的标准人台具有几个特征,其一是身高、前后腰节长、肩胸长、腰臀长等长度部位,胸围、腰围、臀围、中臀围、背宽、胸宽等围度部位的尺寸要与国家标准相符。一般选身高160cm、净胸围84cm,或155cm、净胸围80cm;其二是胸部乳房、胸沟、背沟、腰部、臀围等部位的形态要与人体形态逼真,具有曲线美。

在标准人台上进行立体裁剪前,应在标准人台上作基本的纵、横、斜向标志线。因为立体裁剪操作时一般不用直尺进行测量确定尺寸或形状,而依靠人台或布样上的标志线客观地确定部位之间的长度或形状。在前中线、后中线、侧缝线的确定时要以这些线与水平线成垂直状为准;在胸围、腰围、臀围、背宽线的确定时要以这些线成水平状为准。领高线按1/4净胸围+15cm大小为准作成桃形的圆弧状、袖窿线按0.42净胸围大小为准作成椭圆状。

前后公主线在肩线上5cm左右始经BP,在WL收缩,在HL扩张形成美观的女性性感的曲线。

图1-1-1、图1-1-2、图1-1-3分别是作好基础标志线的标准人台的正视图、背视图、侧视图,标志线的宽度一般0.2cm左右。在

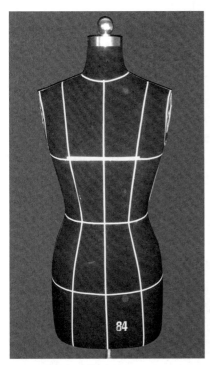

图1-1-1 标准人台正视图

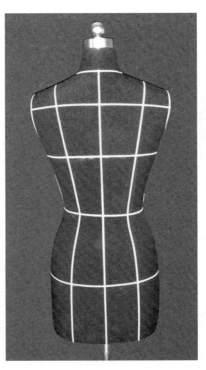

图1-1-2 标准人台背视图

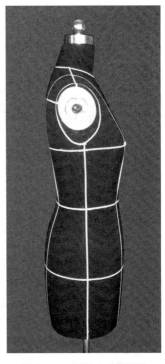

图1-1-3 标准人台侧视图

黑色人台上作白色或红色的标志线,在白色的人台上则作黑色或红色的标志线。

1.2 立体裁剪所用布料的丝缕

立体裁剪所用布料的丝缕必须归正、不允许歪斜。作为立体裁剪的主要布料,一般都是经、纬向的,而经纬向的纱线之间呈垂直状,都具有应力,其相互之间的应力相互抵消则使布料保持平整,即常说的"丝缕归正"。但当制造、整理时出现的失误,以及一块布料从整体布料上取下时(应采用撕开的方法,以使撕开口的丝缕齐整),由于撕拉过度而会使布料丝缕歪斜错位,此时应该将这些布料喷湿后用熨斗烫(最好使用蒸汽熨斗),使之丝缕归正,纵横垂直。如果在整块已熨平的坯布上取出小块坯布时应用剪刀剪开的方法。使用这样的布料与人体模型覆合一致后剪开,得到的衣片才会"丝丝相扣,缕缕相通",用此坯布布样与正式布料覆合时也要注意坯布布样的丝缕与正式布料的丝缕吻合一致,以使用正式布料制成的服装保持平衡,与人体模型上的造型一致。否则将会出现这样的现象,即在人体模型上用大头针固定得到的立体裁剪的造型是理想的,但取下后用正式布料制作出来的造型却歪斜错位,不尽人意。

1.3 立体裁剪的缝道技术处理要求

缝道亦可称为缝子、衣缝线。整件服装是通过缝道将各个衣片组合起来而形成所设想的造型,因此缝道的处理技术至关重要。这一点不仅对平面纸样设计非常重要,对立体裁剪来说,缝道处理技术则显得更为重要和实际。

首先,在进行缝道处理时要注意将缝道尽可能设置在人体曲面的每个块面的接合处,即女体胸点(BP)左右曲面的接合处——公主线;胸部曲面与腋下曲面的接合处——前胸宽线下侧的分割线;前后上体曲面的接合处——肩线;腋下曲面与背部曲面的接合处——

生背宽下侧的分割线;背部中心线(BNL)两侧的曲面的接合处——背缝线;腰部上部曲面与下部曲面的接合处——腰围线;腹臀沟两侧曲面的接合处——上裆线;腿部前后曲面的接合处——侧缝线或下裆线。即使因为服装造型的需要,缝道不在人体曲面的接合处,亦要考虑将缝道尽可能靠近这些接合处。因为缝道设置在人体曲面的块面接合处,一可以使缝道的处理简洁,一般只需要简单的缝合或略加拉伸,归拢便可;二可以使服装外形线条清晰流畅,与人体形态相符。

其次,缝道处理时要注意将缝道两侧的形状设计成直线,或与人体相符的略带弧形的线条形状,而不要设计成两侧的形状相异或差异较大。若缝道两侧的形状相同或相近时,缝合简单方便且能做到平整均匀;若缝道两侧的形状相异时,缝合较复杂且易歪斜不自然,需很谨慎。图1-3-1是缝道呈直线和弧线式的展开图。

1.4 布样的大头针固定形式与外观要求

1.4.1 大头针固定形式

立体裁剪都是用大头针加以固定的,固定的方法在《立体裁剪——基础篇》中讲解过,即主要有两种形式:

(1)平行针法:大头针的针身与布料的布边成平行,用于毛缝布样的固定,这种针法可方便于布边余料的剪切。

(2)垂直或斜向交错针法:大头针针身与布样的布边成垂直或斜向交错状,用于净缝布样的固定,这种方法可有效的固定布样的布边,且斜向交错针法在操作时更为方便。

1.4.2 大头针固定外观要求

大头针固定的外观要求最主要的标准是不能影响布料的客观形态,不能造成对操作者的危害,有助于整体造型的美观,其主要有以下三个标准。

(1)针身的入针、出针距离要尽量小:

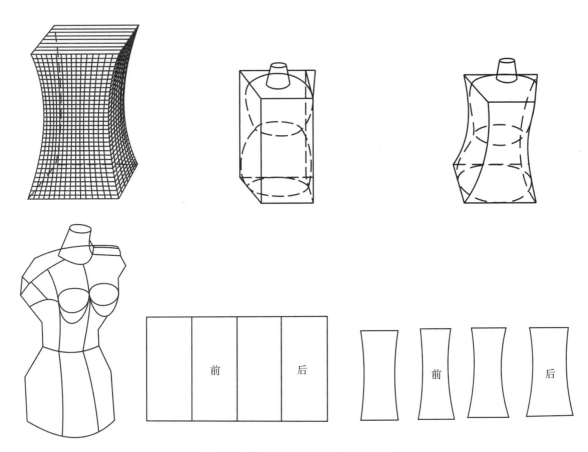

图1-3-1　缝道呈直线和弧线式的展开图

针身在布料里的部分（入针与出针间距）越小，大头针对布料的外观稳定性的影响越小。

（2）针尖的方向要尽量的朝下：针尖方向朝下可防止操作者或他人在接触布料时碰到大头针针尖，以免受到伤害的危险。

（3）针尖的排列要尽量平行间距相等：无论是垂直针法还是斜向交错法，相邻的针距都要相等，使整体的大头针针距视觉美观。

1.5　标志线的作线方法

立体裁剪时的标志线起到显示造型、界定缝道的作用，因而作线方法的规范、准确十分重要，在实际操作中，国内外关于标志线的作线方法有以下两种：

（1）在人台上直接布线

在选择确定的人台后，可根据效果图或设计图中显示的造型线直接在人台上作出标志线。如图1-5-1这样在操作时只须在坯布上透出的造型标志线之间确定衣

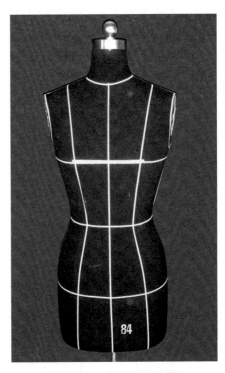

图1-5-1　人台上作标志线

服的松量（一般是微小的），最后用点影线显示衣服的造型，这种方法尤其适用于紧身型服装的立裁。

（2）在坯布上布线

对于有一定松量的造型，如较宽松、宽松风格的衣服，由于衣服的松量较大，需将各部位的松量自然、流畅地确定后再定造型线，这样采用在坯布上作标志线的方法更为合理，也更有效率。此外，在坯布上作线的方法比在坯布上作点影线更清洁，适用于直接用正式布料在人台上立裁。

1.6　布样取得的操作程序

立体裁剪时布样的设计、完成既要考虑真实、完美，也要考虑快速、经济，其操作程序如下：

按设计图在人台上标出造型线→熨烫、整理坯布→按人台上造型线量取各部位坯布的大致尺寸，用剪刀剪切布料→在坯布上画出经向丝缕或纬向BL、WL、背宽线以及BP→将坯布覆合于人台右侧，经向、纬向线对准→用大头针采用各类技法别出所需造型，布样缝头的处理都按毛缝处理→观察整体造型的松量作形态局部的调整→取下布样熨烫平整，局部修改剪切→按右侧部位布样覆制左侧部位布样→将布样缝头折光，用大头针重新固定布样的净缝（或用车缝缝合）→观察作成净缝的整体布样造型，再修改或确认。

1.7　服装廓体造型的处理技术

服装廓体即服装的轮廓造型，是服装的形状对人的视觉形象影响最大的因素。服装廓体包括平视廓体和俯视廓体两种。平视廓体包括A、T、H、O、X、Y形等造型，在每个造型中根据衣身分割的数量又可分为圆柱体分割、四边形分割和多边形分割。俯视廓体包括正方形、梯形和倒梯形等造型。

对服装廓体的处理技术必须注意以下几点：

（1）在立体裁剪中构成服装平视廓体时要注意平视廓体的特征，主要体现在肩宽与腰围、臀围的关系上，以及胸腰差（B-W）、臀腰差（H-W）的关系上。

图1-7-1是平视廓体图，从图中可以看出：A型廓体的重要特征是肩宽（S）≤腰围的正视图（从正面看到的腰围量 W_f）＜臀围的正视量（从正面看到的臀围量 H_f）；H型廓体的重要特征是 $S \approx W_f \approx H_f$；X型的重要的特征是 $S > W_f$，$W_f < H_f$；Y型廓体的重要特征是 $S > W_f$，$W_f \approx H_f$。因此，在立体裁剪时要认真审视这些部位之间的关系，以准确地把握住这些部位的造型。

（2）在立体裁剪中构成服装俯视廓体时要注意构成服装俯视廓体的前、后肩宽的比例关系。

图1-7-2是俯视廓体图，从俯视角度观察服装前胸宽和后背宽的数量关系时，不同的造型，其数量关系相异。从图中可以看出：正方形俯视廓体的前胸宽≈后背宽；梯形俯视体的前胸宽＞后背宽；倒梯形俯视体的前胸宽＜后背宽。因此，在确定前胸宽、后背宽的数量关系时必须与其俯视造型丝丝相扣。

（3）在立体裁剪中构成服装廓体造型时要仔细斟酌具体缝道部位与廓体造型的关系。

图1-7-3是不同的缝道组成形式对廓体细部的影响：a图为直筒衣身，分割线可以有，也可以没有；b图为四边柱体衣身，其缝道是前、后各两条分割线；c图六边柱体衣身，其缝道是前、后、侧各两条分割线；d图为七边柱体衣身，其缝道前、后、侧各两条分割线；e图为八边柱体衣身，其缝道为前、后、前侧和后侧各两条分割线；f图为b图衣身的分割线都为弧线时，如造型设计允许，可以用上下两个部分来代替整个衣身，而且上下两个部分又可以采用直线形的分割线，这样可以减少缝制加工的难度。

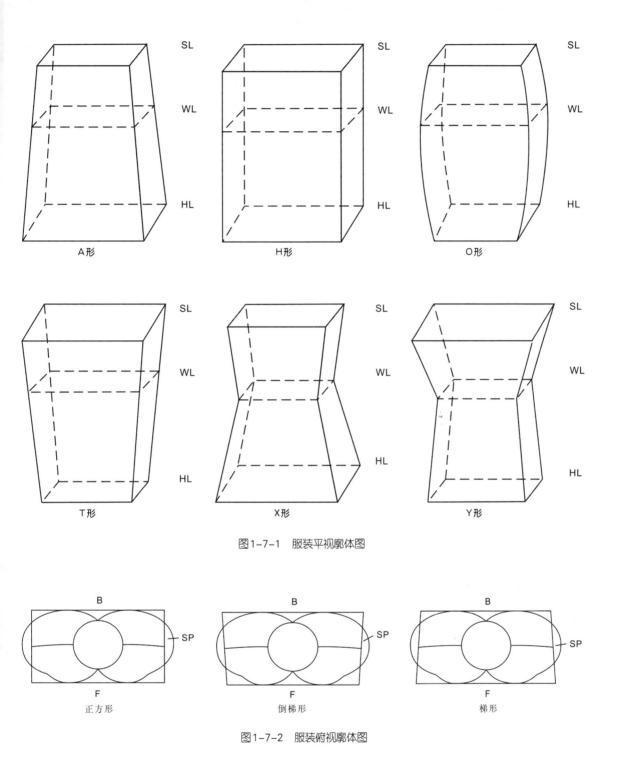

图1-7-1 服装平视廓体图

图1-7-2 服装俯视廓体图

1.8 立体裁剪的纸样缩放技术

将立体裁剪得到的服装纸样从一个规格缩小或放大到若干个规格的技术,即纸样的缩放技术。但立体裁剪的纸样缩放技术又与平面裁剪的纸样缩放技术有所不同。平面裁剪得到的服装纸样一般是有规律的,可以使用公式计算而得到各个图形特征点或基础线的变化规律,从而在中档规格的样板上对各个图形特征点或基础线进行有规律的缩小或放大,以

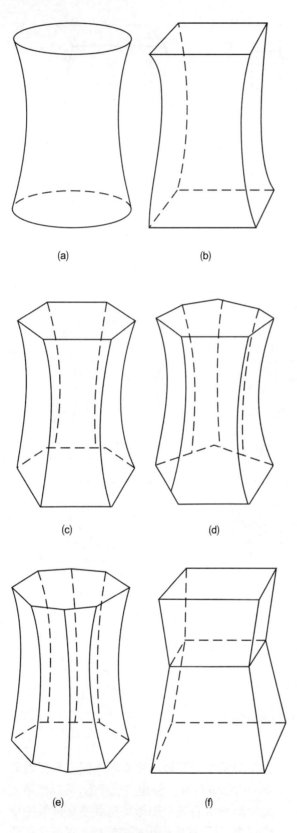

(a)　　　　　　　　　　(b)

(c)　　　　　　　　　　(d)

(e)　　　　　　　　　　(f)

图1-7-3　缝道与廓体造型的关系

此得到小档规格或大档规格的样板。立体裁剪得到的服装衣片即使有规律的，但因其不是通过公式计算而得出的，因而一般不套用平面裁剪的样板缩放法，而采用特殊的缩放法——分割缩放法。

所谓分割缩放法，是将人体在围度上分为20个部位（如图1-8-1中虚线表示的前后、左右围度方向总的分割部位），在纵向的长度方向上分为4个部位（如图1-8-1中虚线表示的长度方向的分割部位），在手臂的围度方向上分为4个部位、长度方向也分为4个部位。根据缝道设置的原理，缝道应设置在人体曲面的接合处，但对于纸样来说，不管规格的大小，缝道的形状应保持基本不变，这就要求纸样缩放时缩放量应放在不影响缝道形状的部位上，所以上述围度方向的20个部位、长度方向的4个部位都不能设置在缝道上。这样才可以保证纸样缩放时样板不走样，即不改变成型服装的造型。

上装纸样的围度缩放量大体按0.1、0.15、0.15、0.15、0.2、0.2、0.15、0.15、0.15、0.1等9个比例关系缩放。若按5·4号型系列缩放，则每个部位的缩放量为0.14cm、0.2cm、0.2cm、0.2cm、0.26cm、0.26cm、0.2cm、0.2cm、0.2cm、0.14cm。袖子的纸样缩放亦是如此，见图1-8-1。

图1-8-2中的原型裙装纸样缩放，采用的是分割缩放法。根据5·4号型系列缩放的原则，长度方向上的4个部位的缩放量分别为0.7cm、0.5cm、0.5cm、0.5cm，这个比例关系基本是根据袖窿深＝B/6+a（任意数）、腰节长＝身高/4-1cm、上衣长＝2/5身高+b（任意数）而得到的。

裙装纸样的围度缩放量大体按0.25、0.15、0.35、0.35、0.15、0.25等6个比例关系缩放。按5·4号型系列缩放，则每个部位的缩放量为0.34cm、0.2cm、0.46cm、0.46cm、0.2cm、0.34cm。

在样板具体缩放时，工厂实际操作时通常用推移法，可在基准样板（一般为M档样板）

上按图示部位写出各部位的缩放数,然后按腰围线以上部位、腰围线以下部位、公主线左侧、袖肘线以上部位、袖肘线以下部位等顺序,将基准样板上、下、左、右移动,放出规定的缩放量,作出所需规格档的样板。

对于复杂造型的纸样缩放,如图1-8-3所示。先将不规则的波浪(皱褶、褶裥等)用大头针加以固定,制成如图所示的纸样。然后如图所示,参照一般的纸样缩放法,在各个虚线部位缩放出规定的量。最后再将缩放后的纸样在有关部位放出波浪的量,制成最终的缩放好的纸样。

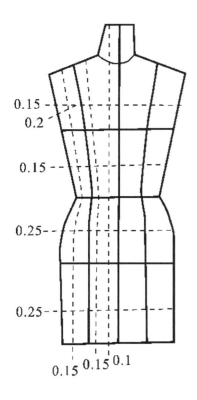
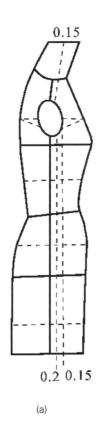
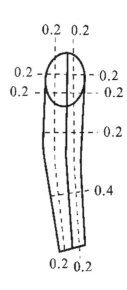

(a)

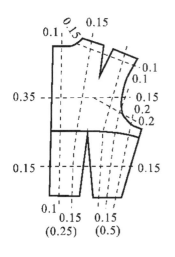
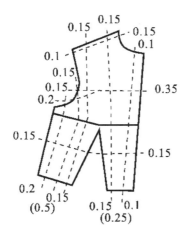

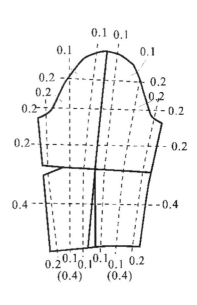

图1-8-1　上装纸样缩放

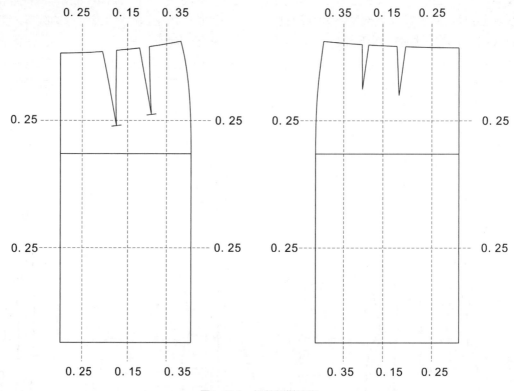

图1-8-2 裙装纸样缩放

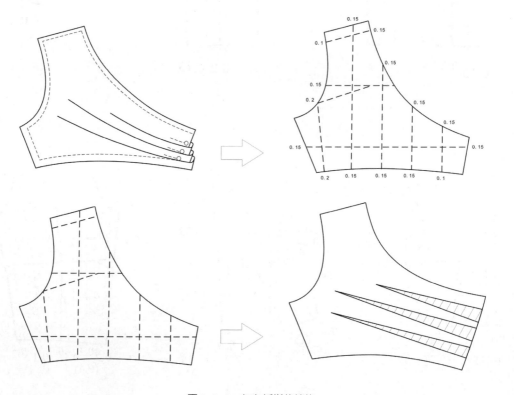

图1-8-3 复杂纸样的缩放

第2章　立体裁剪的技术手法

服装立体构成的技术手法主要有抽褶法、折叠法、堆积法、绣缀法、编织法、缠绕法、垂褶法、波浪法等,这些手法既可单独使用,也常组合使用。认识和掌握这些技术手法对于熟练构思艺术造型是极重要的。

2.1 抽褶法

抽褶法是将布料的一部分用缝线缝合,然后对布料进行抽缩使之形成皱褶,从而产生必要的量感和美观的折光效应的立体造型构成方法。运用抽褶法可以在各个部位进行抽褶,使材料抽缩后在衣身上呈现一定量感的皱褶,产生华丽感。根据需要,抽褶的部位一般在布料的中央或两侧部位。前中线抽褶造型指在前中线处用抽缩法使由领口至臀围线之间的布料抽缩起来,材料宜选用丝绒之类的织物,以展显出造型的雍容华贵。两侧抽褶造型指在左右两侧用抽褶法将整块布料抽缩起来,使之在中间形成立体感很强的垂褶,而在两侧则形成自然的、蓬松的布痕,整体造型简洁而不单调,极富雕塑感。采用的材料以具有绒毛状的织物及具有一定挺度的涤纶仿丝绸织物为好。

缝合的轨迹可以是直线状、折线状以及弧线状;缝合的布料长度根据布料的厚薄程度可定为成型长度的2~3倍,薄料取成型长度的1.5~2.5倍,厚料取成型长度的2.5~3倍,个别特殊的可达到3倍以上。抽褶法所使用的材料以丝绒、天鹅绒、涤纶长丝织物为好,这些织物的折光性好且有厚实感,形成的皱褶立体感强。

抽褶法的技术要领为:

(1) 先在布料上画出要抽缩的线的轨迹(图形),然后按造型的抽缩长度乘以1.5~3倍来计算布料上需抽缩的线的轨迹长度;

(2) 缝线时注意将线头放在布料反面,线迹长度应长短一致,要边缝合边抽缩布料以观察皱褶的造型效果,若效果不理想可调整布料的抽缩长度或缝线轨迹;

(3) 将抽缩后的布料覆于人体模型上时要注意理顺起伏的布痕,一般不要将布料平均地固定,这样会使抽缩起来的皱褶平铺划一、无节奏感,所以固定布料是十分重要的,要根据造型的需要恰到好处地理顺布痕。

经典作品实例分析:

(1) 图2-1-1,该作品的不对称衣身采用自然的皱褶使该造型更具晚礼服的品味。使用材料宜选择柔软的、悬垂性良好的织物。具体作法是:先作出右侧衣身,在前胸部抽缩形成皱褶;作左侧衣身的抽褶部分;安装左侧衣身的贴边。

(2) 图2-1-2,该款式是衣身采用抽褶法、裙身蝴蝶结采用折叠法作成的综合造型,其上半身细密的皱褶与下半身粗犷的蝴蝶结造型相映成趣。制作时先将布料包覆于手臂上作成贴体衣袖,然后将布料在侧缝处抽缩形成皱褶包覆于人体模型的上身,注意整理皱褶使之呈左右两侧不对称。最后在左侧将多余的布料折叠成褶裥量为3cm宽、30cm长的多层褶裥,对折后在中间捆扎,然后拉开形成蝴蝶结形式。此造型用料以有身骨的纱类织物为佳。

(3) 图2-1-3,该款造型是使用抽褶法作成的实用、简洁,具有生活服装特征的款式。制作时先将布料覆于人体模型肩部,在肩部抽缩形成蓬松的袖身造型,然后在腰部抽缩

图2-1-1

图2-1-2

图2-1-3

形成蓬松的裙身造型。此造型用料宜选用轻薄有弹性的材料。

（4）图2-1-4,此款造型是采用抽褶法的成功之作。其胸、腰部层层迭迭的细褶既呈现出礼服的豪华气质，又与下部飘逸的波浪相呼应，一横一纵、一密一疏，相映成趣。制作时要先预留出80cm左右的布料作为胸部包缠时的

用料,从80cm后将布料在宽度的中央进行抽缩,抽缩前布料长度为100cm,抽缩后布料长度为40cm左右,然后包覆于人体模型的腰、臀部、再对抽褶线进行整理使两侧的垂褶自然、对称。此造型用料以采用柔软、较厚实、且具华丽光泽感的材料为佳。

（5）图2-1-5,该款造型是采用抽褶法

图2-1-4　　　　　　　　　　图2-1-5　　　　　　　　　　　　图2-1-6

作成的富有浪漫色彩的晚礼服,上半身的斜向
皱褶与下半身的纵向波浪相配合,使整体造型
简洁而耐看。制作时要将布料斜向包覆于人
体模型上半身,并在两侧抽缩形成细褶,然后
将余料在纵向抽缩,且固定于人体模型的腰部
形成纵向布浪。此造型用料宜采用柔软且有
身骨的材料。

　(6)　图2-1-6,该款造型是极具量感的
礼服造型,通过抽褶法形成的裙身硕大而蓬
松,再饰以布花形成礼服所特有的豪华感。制
作时先将布料披挂于人体模型肩部,再在胸部
加以抽缩形成放射状自然皱褶。裙身基本是
贴体状,余料再横向抽缩形成纵向布浪并固
定于裙身上。最后用碎料作成布花饰边。此

造型用料以轻纱类织物为佳。

（7）图2-1-7，该作品在袖山部和裙身采用抽褶以形成自然的皱褶，使用材料宜选择有身骨的织物。具体作法是：按衣身的分割线造型作成贴体型衣身；将长约100cm的布料在腰部抽缩，形成纵向皱褶；按抽褶袖的作法作出袖山处抽褶的袖型。

（8）图2-1-8，该作品的裙身作成V字形抽褶裙，袖身作成抽褶的灯笼袖，使用材料宜选择柔软而有挺度的织物。具体作法

是：作出贴体型衣身，并在衣身上边沿处作抽褶花边；取长约100cm的布料在横向抽褶；取长约50cm、宽约55cm的布料覆于人体模型上，在袖山、袖中、袖口处抽褶，形成蓬松造型。

2.2　垂褶法

利用斜料的良好悬垂性，作成环形的悬垂褶，产生良好的动感和华丽美，可作在前后领

图2-1-7

图2-1-8

口、袖山、袖窿、裙身、裤身等部位,在简洁的造型上产生华丽的质感。

典型作品实例分析:

(1)图2-2-1,该作品的衣身采用垂褶作法,裙身采用斜向皱褶造型,整体效果活泼而富装饰感。使用材料宜选择悬垂性良好的织物。具体作法是:按垂褶领的作法作出垂褶衣身,注意垂褶的中心位置要对准人体模型的中线:取长约90cm的布料在侧缝处作斜向皱褶。

(2)图2-2-2,该作品的主要特点是垂褶型袖窿。其制作方法可参阅第六章垂褶型袖的作法。

(3)图2-2-3,该作品在肩部和袖山部采用抽褶,形成胸部垂褶和袖山蓬松的造型,使用材料宜选择悬垂性良好的织物。具体操作时应注意:在作胸部垂褶时布料的中线要

图2-2-1   图2-2-2   图2-2-3

与人体模型的中线相重合,以免作成的垂褶中心位置不居中。衣袖可在平面上制作亦可在立体上制作。

（4）图2-2-4,该作品是以斜向波浪造型为主要装饰部位的。其制作方法是在作好合体的裙身后,用长约85cm的45°。斜裁布料在侧缝处作褶裥,形成斜向波浪造型,注意作成的波浪要自然。

2.3　波浪法

利用材料的悬垂性及材料重心的不平衡形成起伏跌宕的波浪造型,能使服装外型给人以强烈的动感,动静结合的搭配给人以和谐的美感,故波浪在立裁作品中广泛使用。

典型作品实例分析:

（1）图2-3-1,该作品硕大的波浪领和飘逸的群身相映成趣,使该造型具有很强烈的装饰效果。使用材料宜选用轻盈的薄纱类织物。荷叶领的制作方法可参阅第五章波浪衣领的作法。

（2）图2-3-2、图2-3-3,此款礼服是一件设计很注重细节的作品。规律褶、自然褶还有装饰的细带、曲线花边的运用了多种技法。简单的上半身胸前用堆积法形成自然皱褶装

图2-2-4

图2-3-1

饰,吊带式形式尽显优雅大
方。上身束身马甲造型的底
边用环形细线做装饰显得精
细,与裙中的长细带有所呼
应。裙子下部的简洁与上部
运用折叠法构成规律垂褶形
成对比,整个后身裙体上流动
的线条体现了女性的妩媚。
整体服装体现了"平衡"为
主题的设计风格。

（3）图2-3-4、图2-3-5,
此款礼服将双层翻驳领倾斜
装置在上身,裙子腰身的弧
形分割线巧妙的将面料吻合
在胸、腰、腹与臀的覆杂的曲
面上。下身分割后设计双层
不规则波浪裙摆,使服装从
各个角度展现出不同造型。
整体繁简得当,层次感强。
后背斜露并加入交叉系带设

图2-3-2　　　　　　　图2-3-3

图2-3-4　　　　　　　　图2-3-5

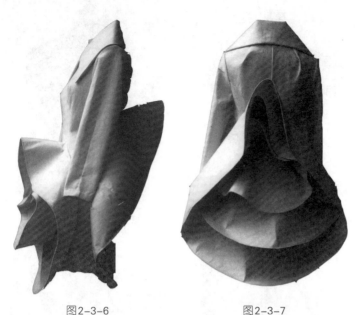

图2-3-6　　　　　　　　　图2-3-7

计,淋漓尽致地展现女性的妩媚与性感。

（4）图2-3-6、图2-3-7,该作品在服装的整体造型方面很有创意,将正装的形式与服装的艺术造型有机地结合起来。波浪作为一个重点在服装中得到了充分的表现,前小后大,前后呼应。从服装的领子、袖子、衣服的放松量看,处理的比较好,领子比较大气,与服装整体造型统一,整个造型干净利落。

（5）图2-3-8、图2-3-9,非常规的分割线,辅以毛边碎褶的花的造型及大量的抽褶装饰,将服装的艺术美通过技术手段充分展现了出来,自然的碎褶造型就是要做的"不规则"才会自然到位。由于下部纵向的线条感配以贯穿上装到下部的毛边碎褶,故而整体呼应协调感很强。

图2-3-8　　　　　　　　　图2-3-9

（6）图2-3-10、图2-3-11，衣身主体造型简洁、流畅、高雅，横向抽褶的处理也相当到位，整体的平整衣身与侧部的折叠波浪搭配，做到简与繁、静与动的协调搭配，增添了整件服装的变化与活力。

（7）图2-3-12、图2-3-13，强烈的视觉冲击力是这件服装给人的第一感觉，镂空设计被作者运用的恰到好处，上半身的"简"与下半身的"繁"，以及右胸部的层叠褶皱相互辉映，并没有失去平衡，反而增加了它的时尚之感。

图2-3-10

图2-3-12

图2-3-11

图2-3-13

（8）图2-3-14、图2-3-15,从结构造型上看,如此衣裥和编拼的设计运用可谓构思巧妙,贴体的衣身配以多层次的波浪,形成造型的动与静、简与繁的合理组合。立体构成要想在服装中得到准确运用就需要花一番功夫,否则就会出现生编硬凑之感。

2.4　堆积法

堆积法是利用材料的剪切特性从多个不同方向对布料进行积压、堆积,以形成不规则的、自然的、立体感强烈的皱褶的立体构成技术手法。使用材料宜选择剪切特性好且又富有光泽感的美丽绸、丝绒、天鹅绒等织物,由于这类织物皱痕饱满且折光效应强烈,因而采用堆积法形成的造型极富艺术感染力。

堆积法的技术要领:

a. 要从三个或三个以上方向积压布料,使折褶呈三角形或任意多边形,同时各个褶皱之间不能形成平行关系,平行则显得呆板单调;

b. 皱褶的高度以2.5~3.5cm之间为好,过小显得太平坦,远视效果不好,过大则由于材料重量过重,皱褶的间距不明朗而有臃

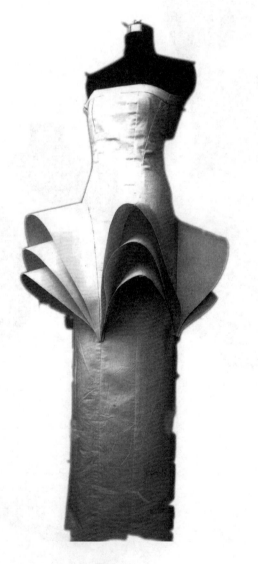

图2-3-14

图2-3-15

图2-4-1　　　　　　　　　　图2-4-2　　　　　　　　　　图2-4-3

肿之嫌。

堆积法实例分析：

（1）图2-4-1，该款式颈肩部将面料作大面积的堆积，形成不规则的皱褶，充分的量感与裙身的简洁形成和谐的简繁得体的视觉效果。

（2）图2-4-2，此款式主要是在前胸部作皱褶、裙身作垂褶，从而形成了凹凸感强烈的造型与作垂褶的裙身形成复杂与简洁的对比，整体感很强。

（3）图2-4-3，该作品的裙身是较宽松型风格的裙身。其制作方法按一般操作方法，肩部的装饰是采用整块布料在侧部堆积形成蓬松的皱褶的，这样横向蓬松皱褶与裙身纵向皱褶形成了自然的调和。

（4）图2-4-4、图2-4-5,此款礼服为低胸长裙,采用堆积与抽褶的手法使其拥有层次变化的外轮廓。胸部运用大块扭褶,腰间缝合出自然褶的腰线和腰臀造型,大腿处设计为密度很强的堆积褶,裙长至地,协调着整体比例,整个裙身运用了褶皱疏密的变化。

2.5　编织法

编织法是将布料折成布条或缠成绳状,然后将布条、布绳之类材料用编织形式编成具有各种美观纹样的衣身造型,若辅之以其他的方法如折叠、抽缩等能作成具有雕塑感觉的的立体造型,是具有"前卫"意识的设计师经常使用的方法。其使用的材料可选用美丽绸类布料、多色纱、塑料纸等,即根据造型的需要选择具有强烈遮光效应,有奇异的立体效果,色彩多变的材料,可根据设计的需要灵活多样地进行准备。

图2-4-4

图2-4-5

编织法实例分析：

（1）图2-5-1,该作品的胸部采用编织法作成自然的细密斜形褶裥,裙身采用抽褶法形成自然的斜向皱褶,使用材料宜选择柔软且有挺度的织物。具体做法是：a.将长约40cm的布料斜向覆于人体模型上,并在侧部编织形成细密的斜形褶裥;b.取长约50cm的双层布料覆于人体模型的腰、臀部,在腰部折叠形成纵向的褶裥后拉开后形成蓬松的造型;c.在腰部作V字形腰带。

（2）图2-5-2,该作品内穿的裙身及外穿的披风的衣领都采用编织法形成自然的褶裥,使用材料宜选择悬垂性良好、但又有重量感的织物。具体做法是：a.将长约85cm的布料覆于人体模型上,在前中线处抽缩作成内衣的前胸部装饰;b.将长约95cm的布料覆于人体模型上,作褶裥,形成自领部而下的皱褶,注意肩部要收省（或将衣身作成圆弧形）,这样外穿的披风下摆量才能大。

图2-5-1

图2-5-2

图2-5-3   图2-5-4

（3）图2-5-3、图2-5-4，用编织法将四边形布料折叠成三角形，然后再折叠作成花瓣形，款式简洁、典雅。裙摆的夸张设计更是巧妙至极，每一个"花瓣"都使人回味无穷，使用了立体构成的曲面构成方法，富有创意，且服装的实用性和艺术性被体现到了极致，另上身简洁、下身覆杂达到和谐的搭配，这样的力作一定少不了扎实的立裁功底。

（4）图2-5-5、图2-5-6，通过编织方法对面料进行褶裥定型，此款对面料进行二次设计，使平淡的面料有了立体变化。服装整身以扇形为单位组成了层叠式的裙款，下裙扇形鱼鳞装的排列和别致，后面臀部的扇形高高的翘起，显露出腰身曲线有一种雕塑感，

前胸运用堆积法形成碎花状的装饰调和了扇形面积，起到了装饰和对比的双重作用。这款服装尽量选用较硬挺的面料，可以更好地表现这种雕塑效果。

2.6　折叠法

折叠法是将布料的一部分按有规则或无规则的方法进行折叠，用大头针固定后将折叠的部分拉开，形成富有立体感、体积蓬松的外观造型，若与其他方法做成的造型组合起来，则会形成轻松、奇特、妙趣横生的艺术造型。根据造型的需要，折叠造型的部位可以设计在腰部以下、肩胸部、头部等；折叠部位的褶裥宽度可在

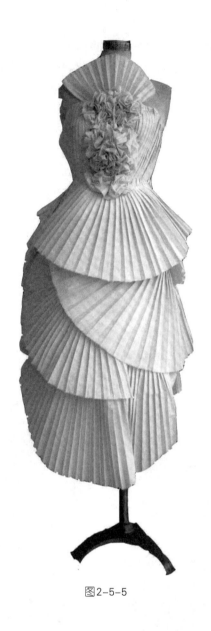

图2-5-5　　　　　　　　　　　　图2-5-6

5~10cm左右,宽度过小可使拉开的量太少而形不成必要的体积和态势,过大又往往使拉开的量太多而给人过分臃肿感,所以适当的选择折叠量是十分重要的。其使用的材料宜选择美丽绸、尼丝纺等身骨好,富有挺度,而又具有光泽感的织物,尤以美丽绸类织物为最佳。

折叠法的技术要领:

　a. 将布料按所作造型的长度加上蓬松感需要的量,作为折叠造型所需的布料宽度(或长度);

　b. 根据蓬松感的大小估计折叠布料的褶裥宽度,一般蓬松感小的可取5~7cm、蓬松感大的可取7~10cm,褶裥的形式多作成顺风裥(褶裥的方向都为同一方向);

　c. 将褶裥部分的布料拉开时,注意动作要轻盈以免将拉开的布料弄皱或压平,影响造型的饱满和厚实感;

　d. 拉开的造型应与整体造型的风格相统一。

典型造型实例分析：

（1）图2-6-1的款式是典型的折叠法作品，上半段衣身是简洁的将布料作成斜形褶裥，注意疏密得当，下半段用幅约90cm宽的布料对折，然后按3~5cm宽间隔折褶裥，褶裥量约6cm左右，用大头针固定后，整块布料覆合于人台下部，然后拉展褶裥，使之外形蓬松形成自然皱褶的球体。

（2）图2-6-2所示造型是运用折叠法的成功之作。其上半身采用立体裁剪中的衣身构成方法，将布料的起始部分折光并做成前胸部的折边；在胸部和腰部为了使平面平整用大头针将多余的量别去作成分割线。臀部以下运用立体构成的折叠法，将布料折成7~10cm宽的褶裥，并固定于衣身的臀部以下部位，最后将褶裥拉开形成蓬松的皱褶。注意在整理时要将底部的皱褶有选择的保留，部分皱褶压平、部分皱褶保留，这样形成的花球造型上部蓬松感强、下部较扁实。整体造型上简下繁，上紧下松，简繁得当，浑然一体。此造型用料以具有良好挺度的材料最佳。

（3）图2-6-3，硕大的花球衬以婀娜多姿的贴身长裙，构成如图所示的绰约风姿。其技术手法主要是采用折叠法，先将布料的宽度方向构成7~10cm宽的褶裥，为使花球有充分

图2-6-1　　　　　　　　　图2-6-2　　　　　　　　图2-6-3

的体积,可将三倍长度折叠成褶裥的布料结扎在一起,然后将褶裥充分拉开形成花球造型。最后将多余的布料覆于人体模型的下部,作成能充分显示人体曲线的贴体造型。此造型需选用质地有身骨、有挺度的材料。

(4)图2-6-4所示作品是整体都采用折叠法的典范之作。此款首先要在人体模型上做贴体内衬,然后将布料折光并披覆于内衬上,将胸部和腰部做褶裥后于侧缝处加以固定。裙身经折叠后置于腰部褶裥下,最后用折叠法作成布花。为使裙身的蓬松量大有雍容高贵感,一是裙子的褶裥量要大,裥低约为10cm左右,裥面约为3cm左右;二是要用硬纱

图2-6-4

作成裙撑。此造型用料以轻盈、蓬松感强的材料为佳。

(5)图2-6-5所示的造型为腰部呈放射状褶裥,整体装饰以流畅的线条为主,更衬托出女性亭亭玉立的体态。首先将布料折叠成以背中线为中线两边对称的纵向褶裥,褶裥量上部为6~7cm左右、下部为3~4cm左右,形成上大下小的形状,再将布料固定于腰部。然后将余下的布料覆于人体模型的下部,形成贴体状态,再把多余的布料拉向腰部,作成流畅自

图2-6-5

然的布浪。最后将剩余的布料固定于手臂上，以免使造型显得单薄。

（6）图2-6-6，该作品采用折叠法作成肩、胸部的波浪造型和腰部的布花造型。布花造型的制作方法可参阅第八章折叠法中的布花作法。

（7）图2-6-7，该作品的裙身采用折叠法和抽褶法相结合的方法，使裙身呈自然的波浪形态，袖身采用抽褶法形成自然的皱褶。使用材料宜采用轻薄而富有挺度的织物。具体做法是：作成贴体型衣身；将长约130cm的布料覆于人体模型上，先按3cm宽的褶裥量作若干个褶裥，然后在两侧缝缩，形成自然的波浪状；将长约70cm的布料缝缩后覆于人体模型的手臂

上，形成自然的皱褶状。

（8）图2-6-8，此款造型在肩部、胸部将布料折成褶裥。在腰、臀部将布料自由折叠然后拉开形成花球造型，整体雍容华贵，富有礼服品味，使用材料以美丽绸织物为宜。

2.7 绣缀法

绣缀法是利用材料的弹性，通过手工绣缀形成凹凸立体感强的纹样，将这些纹样装饰在服饰的领、肩、腰等部位，再通过巧妙的大头针别合方法在人体模型上形成优雅别致的造型。绣缀法使用的材料必须是既具有很好的弹性，又具有较丰富的视觉效果，且有相当的

图2-6-6 　　　　　　　　　　　图2-6-7 　　　　　　　　　　　图2-6-8

重量感以使布料富有下垂折痕的织物,一般常选用纬编涤纶织物、重磅涤纶乔其纱类织物。

绣缀法的技术要领:

a. 先要观察造型,在将要作成服装造型的领、腰、肩等部位,用人字针法,八字针法、双人字针法等绣缀针法将布料缝缀起来,形成有规则的、立体感强的折痕;

b. 根据造型的需要,用大头针将布料巧妙的加以固定,注意使具有装饰性折痕的布料充分地显示在重要的部位,从整体上使具有装饰性折痕的部位与其他部位能有机地组合,浑然一体。

绣缀法典型作品分析:

(1) 图2-7-1所示款式是典型的绣缀法作品,在肩、背部用绣缀不规则的云花图案形成凹凸的纹样,下部用抽褶法形成细褶,整体造型富有东方民族含蓄典雅,娴静大方的特色。制作时先用绣线将云纹纹样缝缀,然后将线抽紧形成云纹装饰,最后将抽有细褶的布料固定在云纹装饰的底部。以采用华丽感的丝绸类织物为佳。

(2) 图2-7-2,该作品采用抽褶法和折叠法相结合的方法。具体做法是:将上半身裙身用抽褶法作成横向自然的皱褶;作下半身裙身的扇形装饰,将预先剪成扇形的布料在圆弧小的一侧折叠,熨烫成放射状;安装时应预先在人体模型上做出贴体的裙身,然后将已做好的扇形装饰自上而下的一片片固定上去,注意层次要错落有致。

图2-7-1   图2-7-2   图2-7-3

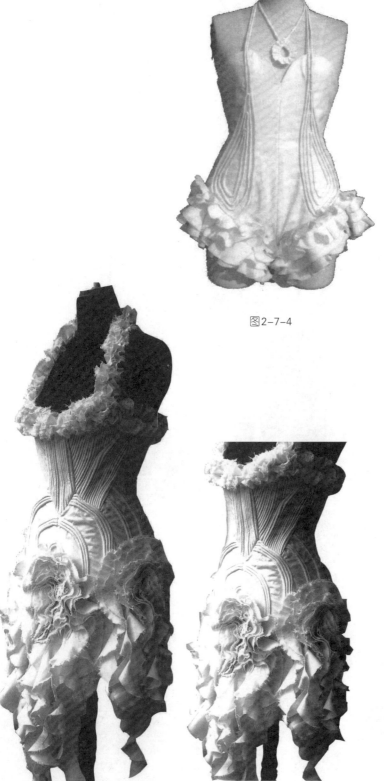

图2-7-4

图2-7-5

（3）图2-7-3所示款式是在腰部中央做绣缀,形成放射状纹样,以此为整体造型的装饰中心。制作时先用绣线为腰部造型的装饰中心的图案绣缀,然后将布料包覆于胸、腰部,最后将多余布料包覆于人体模型的肩部和手臂上作成短外套。此造型用料以采用有质感的丝绒类织物为佳。

（4）图2-7-4、图2-7-5,采用几何形嵌线对衣身进行绣缀,上身为收腰紧身,和下裙舒缓的自然皱褶形成强烈的对比,再加上服装细节的设计更是体现着设计的主题。服装运用嵌条法增强了服装的立体感,同时前后的装饰点缀更加强调了工艺的艺术魅力。裤边与裙摆选择大小波浪的不同效果,在系列的统一

图2-7-7

图2-7-6

中寻求变化。

（5）图2-7-6、图2-7-7,在简洁明快的外轮廓中,将不同的设计元素协调在一起,服装运用绣缀技法中的嵌条法将面料设计为立体感很强的材料,并运用立裁技法将腰胸省巧妙自然的设计其中。腰部和臀部的缝合线更是韵律感极强。领口、吊带和裙摆碎褶荷叶的设计增添了奢华感。整个服装将褶皱的疏密、线条的曲直、装饰的繁简协调的融合在一起。两种表现手法的有机衔接,使服装多了几分华贵和典雅的风情。

（6）图2-7-8,运用绣缀和编织技法使用服装面料改型,增加材料外观立体感,夸张的衣领及旋转状的裤装都是必需用立体裁剪进行实际操作才能确定造型,各细部有简有繁、有张有紧,显得整体协调一致,编织的流苏及线结颜色鲜艳,很夺人眼目,形态亦具有流畅的动感。

2.8 缠绕法

缠绕法是将布料有规则地或随机地缠绕在人体模型上,利用布料的弹性在布料的折边上形成立体感强烈的布痕的立体构成技法。其使用的材料宜选择弹性良好、且有金属光泽或丝绸光泽的美丽绸、涤丝纺等织物,由于这些材料的光泽感,经缠绕后会形成有规则的或自由形态的光环,使立体造型倍具艺术感染力。

缠绕法的技术要领：

a. 在缠绕造型前,要为布料的缠绕作好前期准备工作,即将准备用于缠绕的布料集中于一个部位（如腰部、胸部等）；

b. 布料的边缘要折光,形成的布

图2-7-8

图2-8-1   图2-8-2   图2-8-3

痕要流畅自然、不生硬勉强；

　　c. 每条布痕不能呈平行状态，要形成放射状、波纹状等，这样的造型活泼且富有生气和趣味性。

典型作品实例分析：

　　（1）图2-8-1，整个造型采用单一的缠绕法。此款自胸部开始缠绕，经腰、臀部直至腿部，缠绕过程中且作成皱褶，使衣身具线条和立体感。

　　（2）图2-8-2所示造型是缠绕法的典型之作。其整体造型以不规则的衣褶为主，饰以

肩部凹凸分明的布花，具有朴实简洁的风格。先将布料自胸部向下缠绕，绕至膝部后再上提至腰部加以固定，并绕至后肩部作成布花固定于右肩部。此造型用料约5m左右，以有挺度较厚实的织物为宜。

　　（3）图2-8-3，该作品采用抽褶法形成自然的肩部皱褶和裙部皱褶，使用材料宜选择悬垂性良好的织物。具体作法是：a.将长约45cm的布料覆于人体模型上，并在左肩部抽缩作细褶；b.将长约70cm的布料覆于人体模型上，在腰左侧部抽缩作细褶，形成裙身自然的皱褶；c.在平面上作出一片袖，袖口为

臂围+抽褶量。

（4）图2-8-4所示是使用抽褶法形成的自然皱褶与折叠法形成的布花相配合的造型,其整体装饰感极强,是使用抽褶法的成功之作。制作时先将布料包覆与人体模型的胸、腰部,然后在腰部将布料抽缩成放射状自然皱褶,再在腰部用折叠法作一布花,最后将布料绕至肩部并在肩部作布花。此造型宜选用美丽绸类有弹性、有金属光泽的材料。

（5）图2-8-5所示款式是在横向和纵向采用抽褶法,以横向和纵向皱褶来装饰裙身的造型,整体风格典雅而活跃,具有舞会礼服的特点。制作时先在一侧将布料抽缩,形成横向皱褶后再绕向另一侧,最后将布料在横向抽缩形成纵向波浪后装于上身下部形成美观的裙身造型。此造型用料宜采用有弹性的轻纱类织物。

（6）图2-8-6,此款造型的上部为折叠型,下体部采用缠绕法作成斜形波浪造型,整体上既严紧又舒展,浑然天成。使用材料可选用美丽绸、尼龙绸等轻盈但有身骨的织物。

图2-8-4 　　　　　　　　　　图2-8-5 　　　　　　　　　　图2-8-6

（7）图2-8-7、图2-8-8，此款礼服的整体感较强，裙中运用缠绕法、折叠法形成的垂褶造型，依面料与人体的走势一气呵成。上身斜形的规律褶和裙中斜形的立体褶相呼应，但此呼应略显牵强。款式在动态下保持褶皱的立体效果是成衣品质的关键。尽量选择有身骨的面料或选配合适的辅料，并采用手针暗缲稳定褶皱，以形成饱满有立体感的造型。

2.9　几何体法

几何形体作为立裁作品的造型，能给人以明朗的廓体形态和冲击视觉的量感。常用的几何体有不规则块面体、球体、管状体、螺旋体、仿生体等各种造型，在表现性的立裁作品中尤其广泛使用。

图2-8-7

图2-8-8

典型作品实例分析：

（1）图2-9-1，大块大块的布浪配以大块面的衣身，整体风格粗犷、随意是图所展示的造型。该造型采用抽褶法与折叠法相结合的方法，上半身是宽松型块面造型，只需将布料简单地披覆于人体模型的胸、肩部；下半身先用布料包裹后再将布料折叠成宽度为30cm左右的重叠块面，然后在其中线处用缝线加以抽缩，形成自然皱褶与折叠布浪相结合的造型。此造型用料以采用较硬挺的材料为宜。

（2）图2-9-2，贴体衣身与抽褶法形成的球状块面相结合可，形成既具华丽感、又具简明轻快之感的造型。制作时应先将布料包覆于人体模型上作成贴体衣身，下部作成A字形裙身，再将布料绕于腰、臀部，经抽缩形成蓬松的球状，最后绕至手臂上先作一侧的袖子造型（将布料进行折叠，从纵向抽缩形成细褶），再作另一侧的袖子造型。此造型用料以采用细薄有身骨的材料为宜。腰部的球状装饰和袖子要装内衬，一般用硬纱作褶裥制成。

（3）图2-9-3所示的造型是采用折叠法作成巨大的、凹凸感强烈的背部装饰，而下部裙身造型极其简洁，形成繁简对比强烈的造型。

图2-9-1　　　　　　　　图2-9-2　　　　　　　　图2-9-3

（4）图2-9-4、图2-9-5，作品的上部很有创意，翘曲的块面配以外沿流畅的线条，加上背部的斜向明省和叠花，使得作品显得有点中国味的同时有些许神秘感。但前部的裙子和前下摆与上部造型及后部拖裙不太协调，显得生硬，如和后面的长裙联系更紧密些则更好。

（5）图2-9-6、图2-9-7，很奇特的"最终幻想"——用块面的组合、线条的编织形成面包串般的上部、鱼网般的衣身、螺旋形的下装，有其艺术的宣泄，但可具体些让人们知道这是表达着什么样的思绪。同时要加强"服装是要穿的"理念，增强服装的可穿功能性。

图2-9-4   图2-9-5

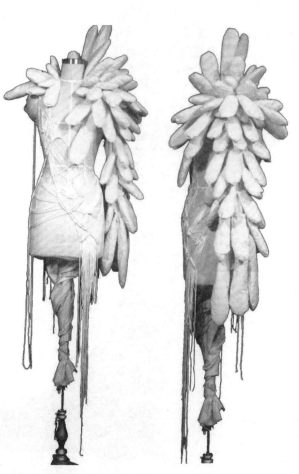

图2-9-6   图2-9-7

（6）图2-9-8、图2-9-9,有一定的想象力,用下部管状的、较粗犷造型配以上部的镂空碟状造型,上衣用这么多的金属气孔去串联"蝶",在灵巧中显得有点拙笨,裙子的管状造型也有相同的感觉。

（7）图2-9-10、图2-9-11,使用立体折成的大块面构成,且材料使用机理粗犷的麻布,使整体服装一种大气、恢弘、雍容的神韵被营造非常到位,只是前后片稍显重覆,如果能在细部再加以雕琢一定会更加完美。

（8）图2-9-12、图2-9-13,构成手法采用线条、旋转、量感的合成旋转的几何体,有它的艺术性,制作有一定的难度。

图2-9-8

图2-9-9

图2-9-10

图2-9-11

图2-9-12

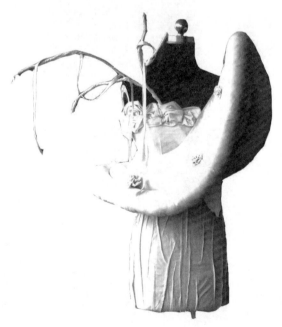

图2-9-13

2.10 常规衣身

立体裁剪中最基本最常规的构成手法是将布料覆于人台上,使丝缕收正,消除前后浮余量,作出前胸宽、后背宽处的松量,并按衣领、衣袖的造型进行立体构成。

典型作品实例分析:

(1)图2-10-1,该作品为宽松型插肩袖造型,是较普通的服装造型,由于不安装垫肩及衣身宽松,形成很流畅自然的衣褶。使用材料宜选择较有挺度的化纤、纯棉及丝绸面料。

(2)图2-10-2,衣身风格较宽松。该作品在腰部作固定型皱褶,形成较丰富的立体感,使用材料宜选择柔软而有身骨的化纤、丝绸面料。

(3)图2-10-3,该作品采用抽褶造型形成袖身和裙身的皱褶,整体立体感强烈,使用材料宜选择柔软而有较好身骨的丝绸面料。

图2-10-1

图2-10-2

图2-10-3

（4）图2-10-4所示的造型较为实用朴素，其技术手法仍以采用折叠法为主。首先将布料固定于人体模型的肩部，然后将布料覆于人体模型的胸部，在腰部的左侧作褶裥，作成放射状的衣褶。然后在腰、臀部以下作纵向的褶裥，形成线条流畅的裙身。

（5）图2-10-5，该作品的胸部采用横向皱褶，腰部安装花瓣型装饰，使用材料宜选择柔软而有挺度的织物。具体作法是：取长约50cm的布料横向覆于人体模型上，并在侧部抽缩以形成自然皱褶；作出较贴体的裙身；将边长为30cm的正方形布料在对角线上对折后，沿两直角边抽缩形成自然、蓬松的花瓣造型。

（6）图2-10-6，该作品采用纵向和横向的抽缩形成皱褶，整体造型雍容华贵、富表演

图2-10-4

图2-10-5

图2-10-6

效果。使用材料宜选择薄纱类轻盈而易蓬松的织物,必要时需用硬纱作裙撑。

（7）图2-10-7,该作品的贴体裙身、蓬松裙摆配以争奇斗艳的布花是该造型的特点,使用材料宜选择柔软、具华丽感的织物。

（8）图2-10-8、图2-10-9,造型风格与前一套类似,重点也是强调衣领与披肩的连接关系。前面衣领采用波浪形式,衣服与裙子采取了两段式的分割,裙褶表现得很自然、流畅。衣摆运用从水平到斜线的过渡形式,表现了服装的动与静的对比。

图2-10-7

图2-10-8

图2-10-9

（9）图2-10-10、图2-10-11,该套服装强调的是服装松散的实用的造型。胸部省道与门襟造型相结合,表现了服装的功用性与实用性的统一。领子造型比较大胆,与衣袖的连接更显其难度,但领子的造型、结构不完整。白色的扣子在服装中多处运用,起到装饰的作用。

（10）图2-10-12、图2-10-13,或疏或密随意的抽褶和垂褶,倾斜的低低的腰线,以及肩头细碎的布条都在营造一种朋克风格和不羁的感觉,或许要的就是这种夸张的感觉,但是还要注意衣片的结构一定要合理,既能实现造型又方便穿着。

图2-10-10

图2-10-11

图2-10-12

图2-10-13

第3章　立体裁剪的艺术手法

艺术的形式美，它虽然体现着作者构思巧妙的内在美，但其还须依靠相应的技术技巧才能充分表达出来。其技巧包括表现技法、材料性能、工艺特性三方面。技巧美是艺术形式的一种表现形式，特别是现代艺术，由于科学、工业的发达，技巧从具象的技术形式发展到运用抽象的虚拟的形式。由此而产生的技巧美便是多层面的，服装立体裁剪运用的技巧亦从常规的皱褶、垂褶、褶裥、省道、波浪等形式，发展移植运用艺术设计中平面构成、立体构成中的若干技巧。

3.1　造型的形式美

3.1.1　量块美

量块是一种有分量的形象，它有重量感，不同于点和线的感觉。点和线给人感到轻巧，量块则有稳重、沉着感。量块的另一个特点，它是独立占据空间的。点线对空间的影响很小，给人的感觉总是没有独立性。所谓的"分量"和"气魄"，往往是由于占据空间的独立感所形成的。

量块在构成的性质上有：均等、静重、脆弱、柔软、硬直、挺拔、锐利、钝拙……的艺术处理。量块的叠置、倾斜、矗立、纵横……产生一种力量的威严感。

从造型的发展上看，量块造型是以几何形态为主，线材造型是以自然形态为主，现代设计是以几何形态作为造型的基础，纵然涉及到自然形态，也是将自然形态转化为几何形态，图3-1-1、图3-1-2、图3-1-3是体现量块美的服装造型。

图3-1-1

图3-1-2

图3-1-3

图3-1-4

3.1.2 线条美

线条是一切造型的手段,可以用线条表现一切事物并传递感情。

线条有粗细、曲直、波旋、快慢、断续、刚柔等,它和人们对生活自然现象的联想,并依附于各种形态的活动,在人们的心里上就会产生各种感情(图3-1-4)。

服装造型立体构成,常常是运用线和块面的结合,产生线面,粗细、刚柔的强烈对比,也常常运用抽象的装饰线来分割面块,构成旋律,图3-1-5、图3-1-6是运用线条美的服装造型。

图3-1-5

图3-1-6

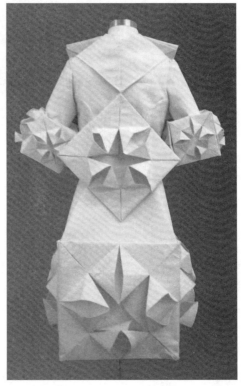

图3-1-7   图3-1-8

3.1.3　几何形体

几何形体从设计造型来说，它是具象的，这是一种构成的结果。但从设计——构思来说，它又是抽象的，这也是一种精密的理智思维活动。图3-1-7~图3-1-10是运用形体造型的服装。

图3-1-9   图3-1-10

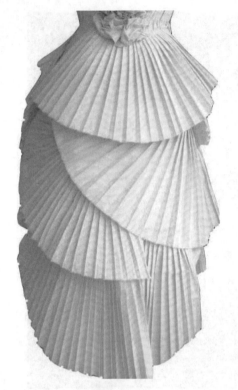

图3-1-11

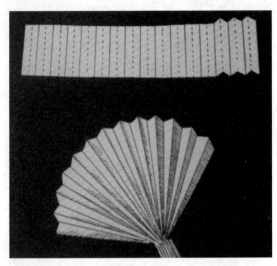

图3-1-12

几何纹样构成需要设计师从理性方面的思考。通过几何形体的设计,可体会到抽象思维的方法。几何纹样由具体到抽象,又由理智到感情,这是一种升华,是由数学转入艺术的境界。构成几何纹样的技巧有:

（1）折屈技巧

不同的材料具有不同的表面质感（肌理）,由于表面肌理的特点,表征或增强形态的特征。将材料按设计的几何图样进行有规律的折屈,使材料表面形成凹凸状的折痕。故而有节律的折痕形成有节奏、旋律的表面立体感（图3-1-11、图3-1-12）。

（2）切割技巧

切割技巧,是将平面材料转换成立体的主要手段之一。通过切割去掉面料中多余部分,并折叠转化为立体,这也是立体形成的主要原理之一。切割技巧包括直角切割、斜角切割的技巧。在结构设计中省道、褶裥的设计便是切割技巧的具体形式。

（3）线材排列技巧

线材紧密的排列形成变化的面,线材

图3-1-13

有机地连接形成线与面和虚与实的构造,线材以逐渐推移的连接,构成有规律变化的形体,线材按自由的形式连接,可取得独特的造型形式和空间效果。

（4）材料的编织技巧

将织物穿插交错编织起来,形成有规律的几何形体,从而达到类似针织织物纹理的独特效果,但又比针织纹理夸张,表面呈现凹凸交加的视觉效果,空间立体感较强,图3-1-13~图3-1-15是运用编织技巧的服装造型。

3.2 材料的装饰美

立体构成服装造型时,对服装进行改型、改性以及给予外观的装饰是常用的技术手法。

附加装饰最主要的形式是刺绣。刺绣是在机织物、编织物、皮革上用针和线进行绣、剪、贴、锒、嵌等装饰技术的总称。其中,刺绣按装饰的外观效果分有改型装饰和附加装饰两种,其中改型装饰是主体构成最重要的技法,其亦称装饰缝:按材料而分,可分为用线刺绣、用特殊材料刺绣、在特殊布上刺绣、在面料上用其他的织物来表现图案纹样等几种。其中用线来刺绣可分彩绣、白绣、黑绣、金丝绣、暗花绣、网眼布纹、镂空绣、抽丝绣、褶饰绣等。用特殊材料刺绣可有珠绣、饰片绣、绳饰绣、饰带绣、锍饰绣等。在特殊的布上刺绣可分为网绣、六角网眼绣等。在面料上用其他织物来表现图案纹样可有贴布绣、拼花绣等。

3.2.1 彩绣

用各种彩色线进行刺绣,是最熟悉最具代表性的一种刺绣方法,其针法有300种之多,在针与线的穿梭中形成点、线、面的变化,也可加入包芯形成更具立体感的图案,图3-2-1、图3-2-2是运用刺

图3-1-14

图3-1-15

绣进行装饰的服装。

3.2.2　绗缝

　　用装饰线或一般缝纫线将衣服表面缉成各种几何纹样或装饰图案。一般应在面料、里料之间加填充料,以使造型富立体感。多用在外套的领、袖、衣身、克夫等部位的装饰,见图3-2-3。

3.2.3　缝缀

　　缝缀而成的装饰缝不同于刺绣和蕾丝,它是以布料为主体,采用缝缀技法使布料本身发生变化,或以叠加方法表现浮雕效果,或以分离方式表现漏空效果,图3-2-4~图3-2-6是运用三种缝缀方法形成的外观效果。

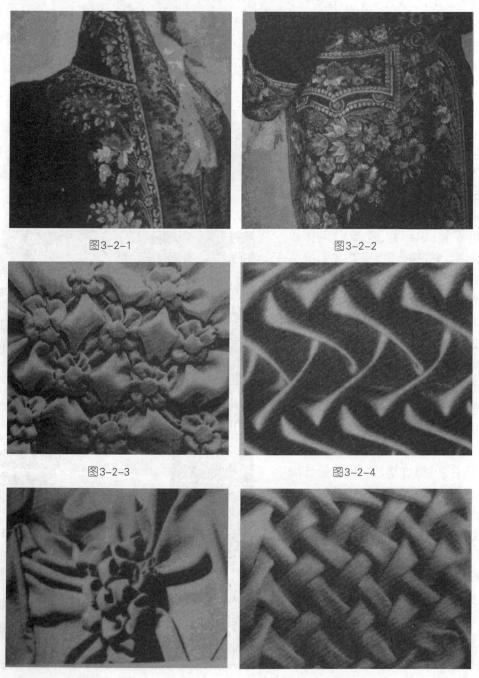

图3-2-1　　　　　　　　　　　　　　图3-2-2

图3-2-3　　　　　　　　　　　　　　图3-2-4

图3-2-5　　　　　　　　　　　　　　图3-2-6

第4章 裙、裤装

4.1 裙装

4.1.1 A形波浪裙

腰部贴体、臀部略扩张,整体成A字形。造型如图4-1-1、图4-1-2。

款式分析:

裙身廓形:A字形。

结构要素:斜形分割,每个裙片都为直料。

腰围线以下曲面处理量:

前片——腰臀差分解到各个斜形分割中;

后片——腰臀差分解到各个斜形分割中。

操作步骤:

图4-1-3:取长＝裙长+10cm、宽＝H/2+10cm的直料坯布两块,分别画出前后中线、WL、HL,并与人台覆合一致(即与人台上相对应的线对齐,覆于人台上)。

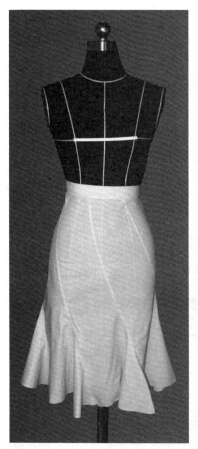

图4-1-1 正视图

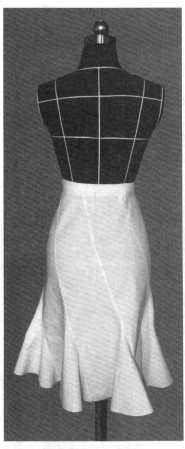

图4-1-2 背视图

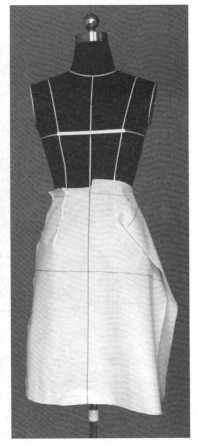

图4-1-3

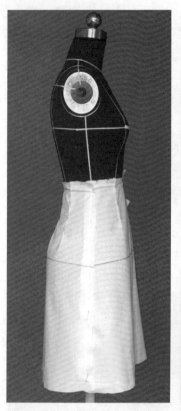

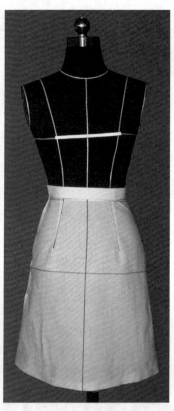

图4-1-4：将腰部余量收省，考虑到人台腰围一般比人体腰围小2cm，故在侧缝上腰围处要多放松量。

图4-1-5：考虑到要作A形裙，故腰围处前后可各只作一个省，在臀围处放出≤10cm的松量。

图4-1-6：这是作成的A形裙侧部造型。

图4-1-7：这是作成的A形裙背部造型。

图4-1-8：将取下的A形裙身烫平、画顺后对布样进行垂直方向错位（≥4cm），水平方向错位（≥10cm）。

图4-1-4   图4-1-5

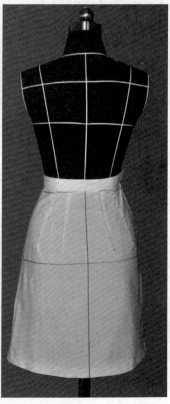

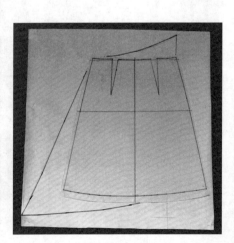

图4-1-6   图4-1-7   图4-1-8

图4-1-9：将A形裙身变型为垂直、水平错位的裙身，注意W、H、下摆量不能变，并将三部位作三等分。

图4-1-10：将三等分的裙身取其一份，在下摆处作剪切，作成波浪形，并按此布样作成6块布样。

图4-1-11：将6块布样用大头针加以固定，作成斜形分割的波浪裙，观察后作局部调整。

图4-1-12：最后缝制成的斜形分割波浪的侧视图。

4.1.2 垂褶裙

侧裙身作垂褶的直身裙，造型如图4-1-13。

款式分析：

裙身廓形：H形裙身，用45°斜裁布料，前后中线分割。

结构要素：在侧缝处作三个垂褶。

腰围线以下曲面处理量：

前片——将臀腰差放入腰部褶裥里；

后片——将臀腰差放入腰部褶裥里；

垂褶造型——采用45°斜裁布料，腰部褶裥量每个3~4cm。

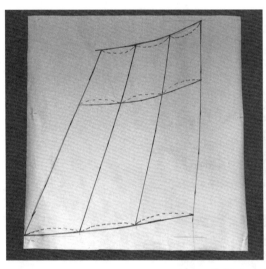

图4-1-9

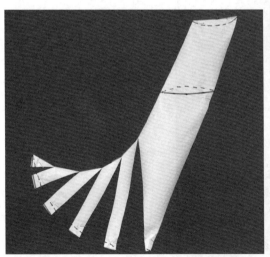

图4-1-10

图4-1-11

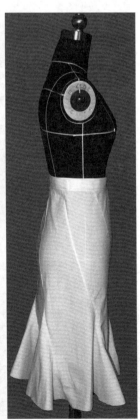

图4-1-12

操作步骤：

图4-1-14:取长=裙长+40cm、宽=H/2+40cm的矩形布样，画出经向中线，横向WL、HL后，将中线对准人台侧缝线，腰部折光后对准人台的腰部，再拉出第一个垂褶，但注意垂褶的中线要始终对准人台侧缝线。

图4-1-15：折叠前裙身腰部褶裥，以取得第二个垂褶量。

图4-1-16：折叠后裙身腰部褶裥，褶量与前裙身相同以取得第二个垂褶量。

图4-1-13 侧视图

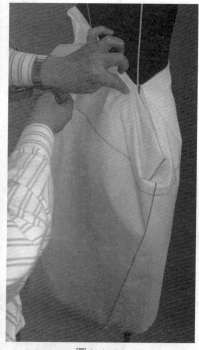

图4-1-14

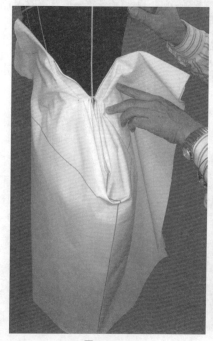

图4-1-15

图4-1-16

图4-1-17：按前述同样方法取得第三个垂褶。

图4-1-18：整体调整三个褶裥与三个垂褶，使之均衡、对称、美观。

图4-1-19：在前中线处作标志线并剪去余量。

图4-1-20：在底边用直尺按地面向上量取裙长，使得底边能处于水平。

图4-1-21：将画成的水平线留出2cm缝份修剪多余量。

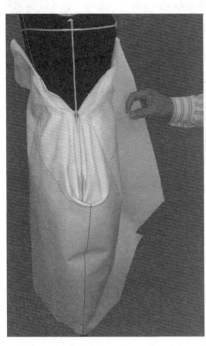
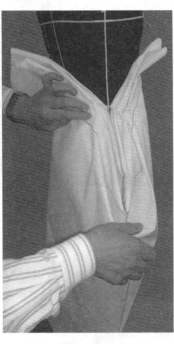
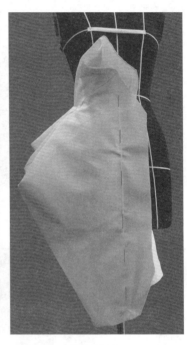

图4-1-17　　　　　　　　　图4-1-18　　　　　　　　　图4-1-19

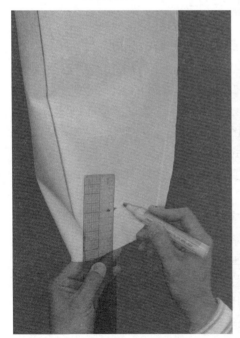
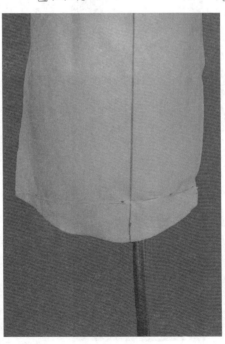

图4-1-20　　　　　　　　　图4-1-21

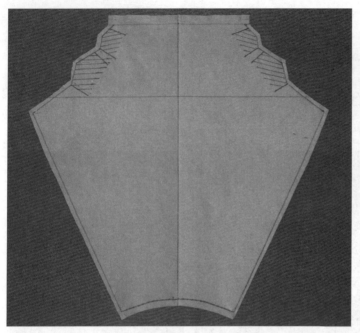

图4-1-22   图4-1-23

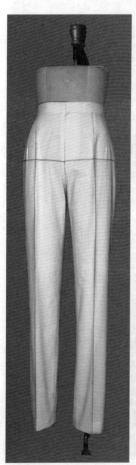　　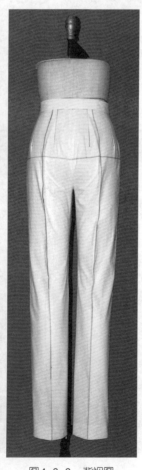

图4-2-1　前视图　　图4-2-2　背视图

图4-1-22：将布样取下烫平、修正画线，作出最终的平面图。

图4-1-23：装上裙腰，整体调整裙身垂褶造型。

4.2　裤装

4.2.1　基础裤——裤装原型

此类裤结构为所有裤装结构的基础，要准确表达裤装与人体之间的各部位对应关系，用立裁方法取得布样是最直接最准确的方法。造型如图4-2-1、图4-2-2。

款式分析：

裤身廓形：臀部贴体风格，裤腿为直筒形。

结构要素：腰臀差的处理，臀部松量的设置，上档缝的合体性。

腰围线以下曲面处理量：

前片——腰臀差用腰部褶裥消除；

后片——腰臀差用腰部褶裥消除；

上档造型——前后上档要贴合人体，按静态美观性要求设计，后上档没有倾斜量。

操作步骤：

图4-2-3~ 图4-2-6 ：首先在下体人台上要画好纵向标志线：前中心线——前腰宽的中央处做垂线；前烫迹线——前中线至侧部的H*/4-1cm处；后烫迹线——通过臀部最高点（臀突）的垂线；后中线——后腰宽的中央处做垂线；下裆线——在会阴点以下，在大腿围1/2的位置上作垂线；前后省道线——在前后烫迹线至侧缝1/2处作垂线为省。然后在下体人台上画横向标志线：腰带部位线——腰部最细处上下间距4cm作两条水平横线作为腰带标志线；臀围线——在臀部最高点（臀突）处作水平横线作为臀突线。注意臀围线一定要呈水平状。

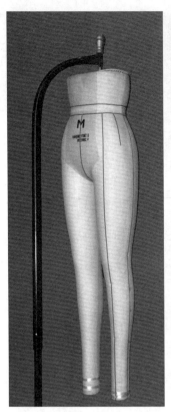

图4-2-3   图4-2-4

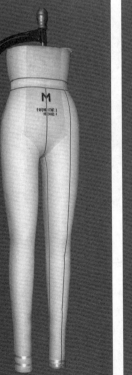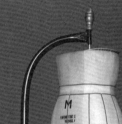

图4-2-5   图4-2-6

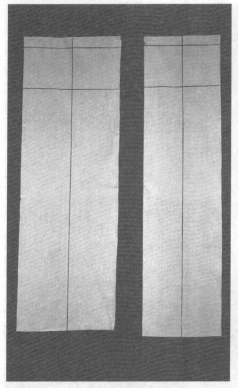
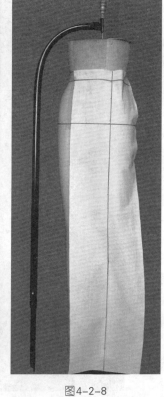

图4-2-7

图4-2-8

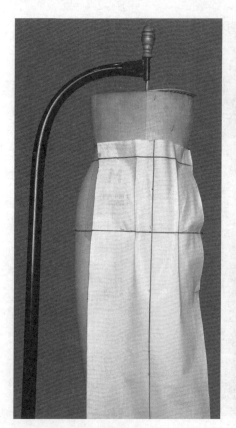
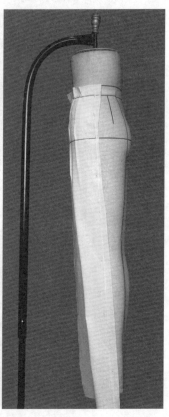

图4-2-9

图4-2-10

图4-2-7：取长＝裤长+6cm,前宽＝（H*/4-1cm）+10cm（预留松量），后宽＝（H*/4+1cm）+15cm（预留松量），并按人台上的腰围线、臀围线的间距作出腰围线、臀围线，按前后围度的中心线作纵向线。

图4-2-8：将前裤片坯布覆于人台，注意两者的烫迹线、WL、HL要覆合一致。

图4-2-9：将前裤片的腰部不平整部分折叠形成腰省。

图4-2-10：在侧缝处将腰部作出一定的松量（使上下裤身处于平整状态）后，用标志线作出侧缝线。

图4-2-11：在人台上档转弯处将坯布剪切，将下档处的坯布折进人台档部并用大头针加以固定。

图4-2-12：用标志线按人台的腿内中线作出前裤下裆线。

图4-2-13：将后裤坯布覆于人台后身，要求两者烫迹线、WL、HL要覆合一致。

图4-2-14：将腰部多余量按人台省道位折成两个省道，省尖不超过WL~HL间距的2/3处。

图4-2-15：将后腿部作出一定松量，然后在侧缝处贴标志线作出侧缝，后侧缝应与前侧缝在同一位置。

图4-2-16：在人台后裆部将坯布剪切，将后身下裆坯布折进。

图4-2-17：整理后裤的松量，使裤身齐整，按人台下裆线位置在坯布上作出后下裆线。

图4-2-18~图4-2-20：最后完成的原型裤身的前、侧、后部造型要求丝缕取正，裤身平整，造型自然。

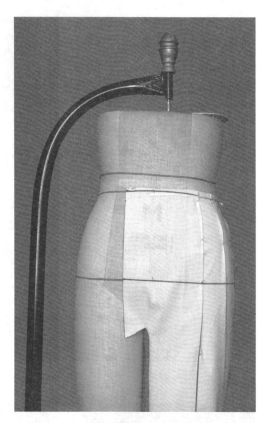

图4-2-11

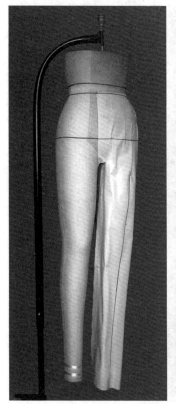

图4-2-12

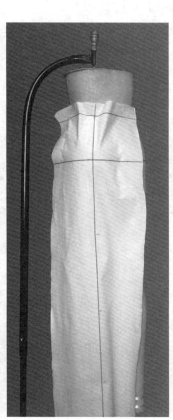

图4-2-13

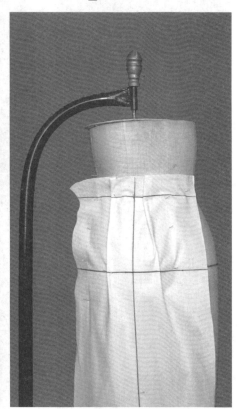

图4-2-14

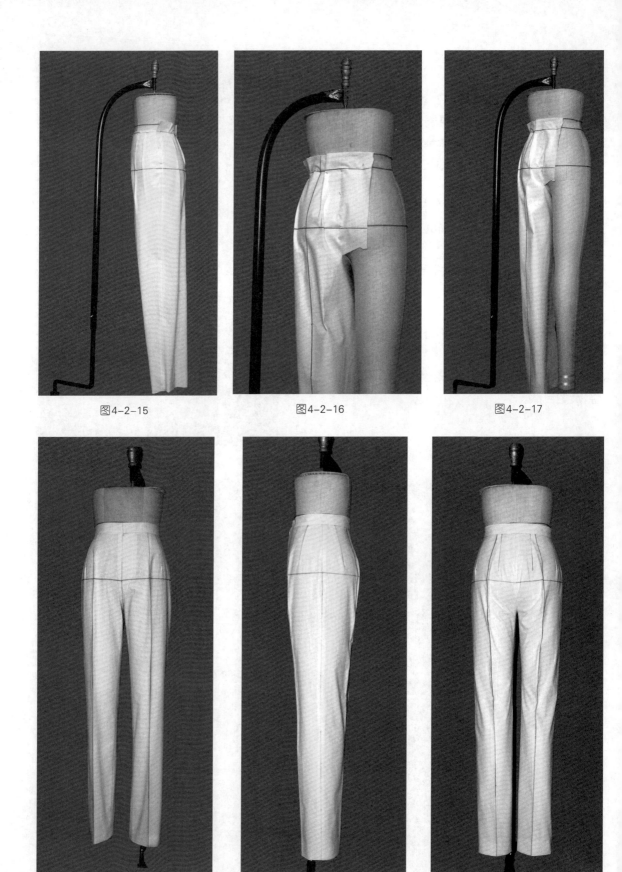

图4-2-15　　　　　　　　图4-2-16　　　　　　　　图4-2-17

图4-2-18　　　　　　　　图4-2-19　　　　　　　　图4-2-20

图4-2-21：将完成的裤身布样取下,烫平,修正,将线画顺,作成成型的基本裤原型。

4.2.2 裙裤

外形为裙装,结构为裤装的下装,造型如图4-2-22~图4-2-24。

款式分析:

裙身廓形:A字形裤身,外观与A字裙同。

结构要素:上裆部裤身结构处理,裤腿按裙身结构处理,侧部用褶裥造型。

腰围线以下曲面处理量:

前片——腰臀差用褶裥消除;

后片——腰臀差用褶裥消除;

侧部——作褶裥造型,每个褶裥作4~5cm褶裥量;

上裆造型——按较贴体风格设计。

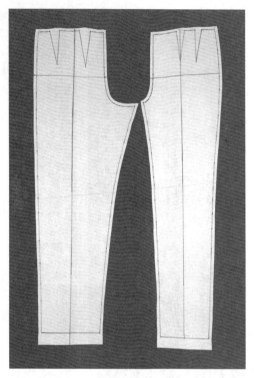

图4-2-21

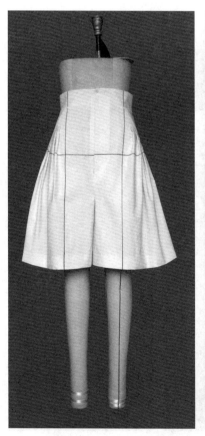

图4-2-22　正面图

图4-2-23　侧面图

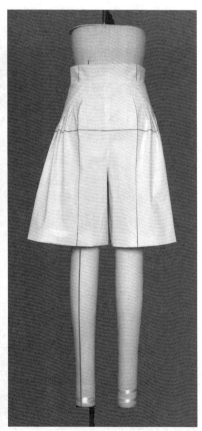

图4-2-24　背面图

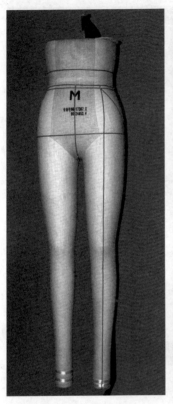
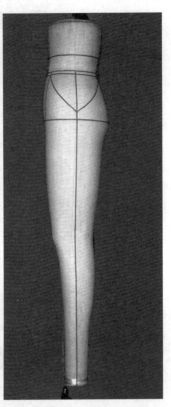

操作步骤:

图4-2-25~图4-2-27:在下体人台上作纵向的前烫迹线、侧缝线、袋口线;横向的WL、HL。

图4-2-28:取长=裤长+10cm,宽=H*/4+30cm(将褶裥量估算进去)的坯布,用笔走法画出经向丝缕线,并用直角尺画出WL、HL线。

图4-2-29:将坯布覆合于人台,各自的前烫迹线、WL、HL覆合一致。

图4-2-25　　　　　　　　　图4-2-26

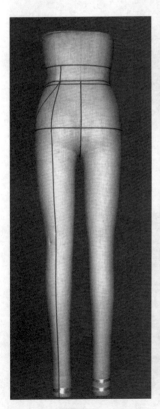
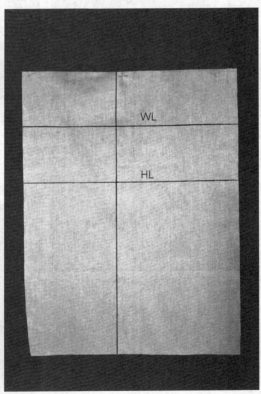
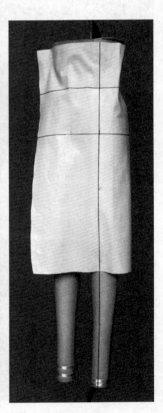

WL

HL

图4-2-27　　　　　　　　　图4-2-28　　　　　　　　　图4-2-29

图4-2-30：将前烫迹线右侧的布料折叠成褶裥，折成的褶裥上下要平整，并作出袋口标志线。

图4-2-31：将袋口线外侧留2cm缝粉，其余剪去。

图4-2-32：在人台会阴点下3cm处将裤身下裆剪开。

图4-2-33：将裤下裆布折进人台下裆部并固定于人台。

图4-2-34：将裤腰部位整理后覆合于人台上，并作出裤腰带部位的标志线，连腰带的宽度为6cm。

图4-2-30

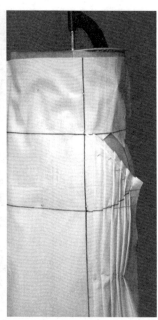

图4-2-31

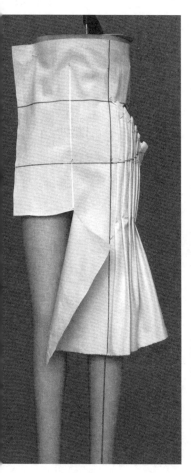

图4-2-32

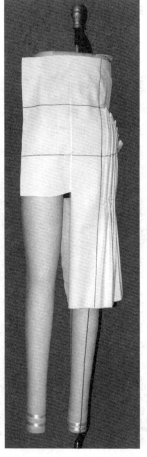

图4-2-33

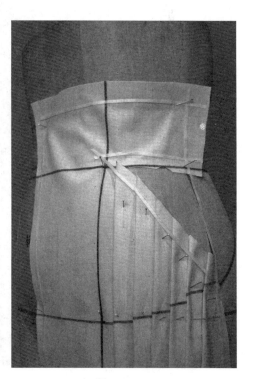

图4-2-34

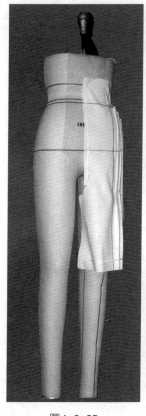

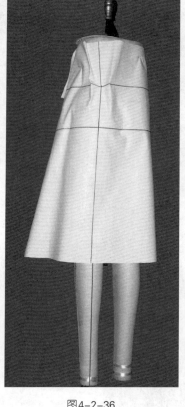

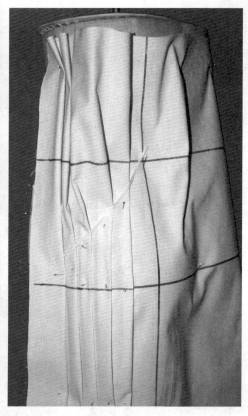

图4-2-35 　　　　　　　　　图4-2-36 　　　　　　　　图4-2-37

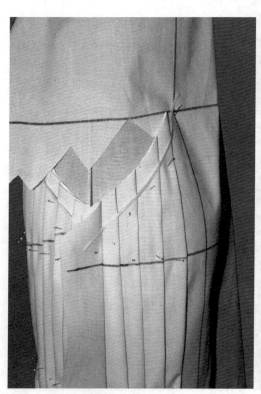

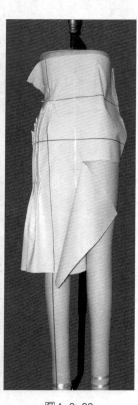

图4-2-38 　　　　　　　图4-2-39

图4-2-35：做成后的前裤身。

图4-2-36：将后裤身的坯布覆于人台上，并注意前后裤身的WL、HL对齐。

图4-2-37：将后裤的褶裥折叠，并要求上下平整，褶裥量与前裤褶裥量同或稍大。

图4-2-38：将腰部口袋部位作出标志线并剪切。

图4-2-39：将人台后裆部位（与前裆部位齐）剪开。

图4-2-40：将后下裆部位的布料折进，并做成垂直状。

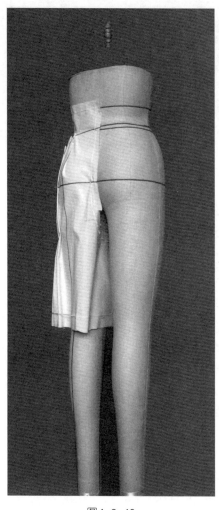

图4-2-40

图4-2-41

图4-2-41：取袋口部位坯布、画出直丝缕线及WL。

图4-2-42：将袋口布与人体覆合一致,要求WL与裤身WL对齐。

图4-2-43：按人台形状作出裤侧缝线形状及袋口线形状。

图4-2-44：后裤袋口部位亦如前裤袋口部位作法,并要求前后袋口线与WL对齐。

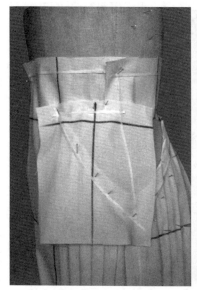

图4-2-42

图4-2-43

图4-2-44

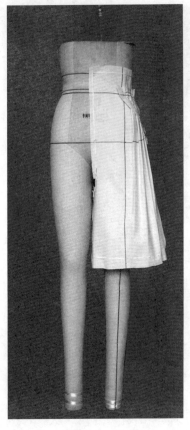
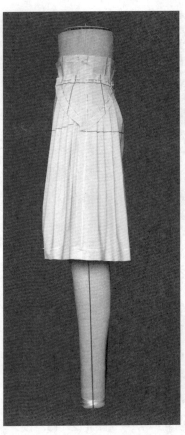
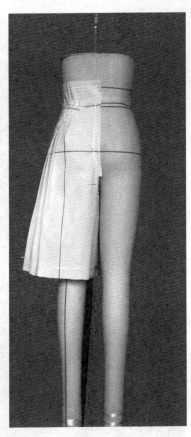

图4-2-45 图4-2-46 图4-2-47

图4-2-45～图4-2-47：最后作成裙裤的前、侧、后裤的布样的立体造型,要求下裆部平直,外侧部要有扩张感,部分不到位应将大头针取下进行修正。

图4-2-48、图4-2-49：为展平、整理、修正后的前裤身,后裤身布样。

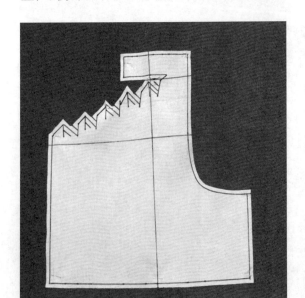
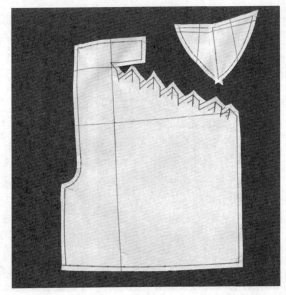

图4-2-48 图4-2-49

4.2.3 垂褶裤（罗马裤）

档底有垂褶、具有强烈的立体雕塑感裤装。造型如图4-2-50、图4-2-51。

款式分析：

裤身廓形：腰鼓形，档部垂褶呈立体状。

结构要素：下档部作立体形态强烈的垂褶，前后腰部作褶裥。

腰围线以下曲面处理量：

前片——腰臀差及形成下档垂褶所需的量都在腰部用褶裥形式处理；

后片——腰臀差及形成下档垂褶所需的量都在腰部用褶裥形式处理；

档片9——前后裤身相连成一体，且在档缝成45°斜裁状；

上档造型——按较贴体或贴体风格处理，前后上档宽部分大小相等；

下档造型——作5~7个垂褶，每个垂褶量约6cm左右。

操作步骤：

图4-2-52、图4-2-53：将下体人台作出前后烫迹线、侧缝线及WL、HL。

图4-2-50　正视图　　　　图4-2-51　侧视图

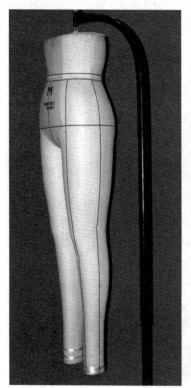
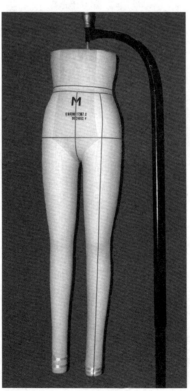

图4-2-52　　　　　　　图4-2-53　　　　　　　图4-2-54

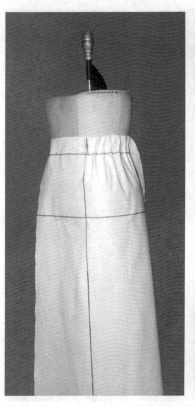

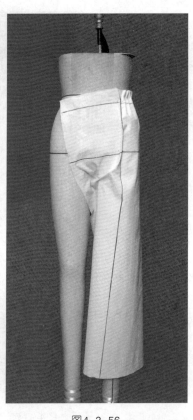

图4-2-55

图4-2-56

图4-2-54、图4-2-55：取长 = 裤长+10cm、宽 = H/2+30cm的裤身坯布，画出前烫迹线，并与人台覆合一致，并将腰部余量作成褶裥。

图4-2-56：将下裆部布料折成第一个垂褶形状，垂褶量约为4~6cm。

图4-2-57：将下裆部布料继续向上推挤，作成第二个垂褶形状。

图4-2-58：将下裆部布料继续向上推挤作成第三个垂褶，三个垂褶的量可相等，亦可逐步增大。并按前后裆宽的1/2处作出下裆标志线，剪去多余量。

图4-2-59：作成垂褶后的裤身侧部应平整、裤口

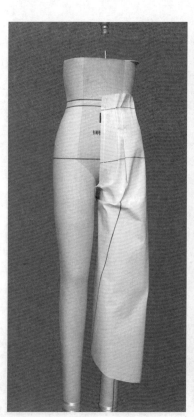

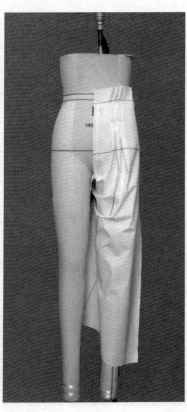

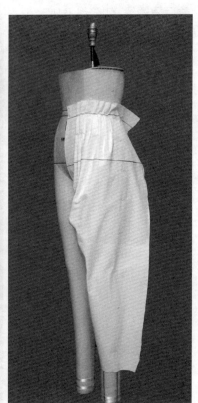

图4-2-57

图4-2-58

图4-2-59

部位稍收紧,然后做侧缝标志线,剪去多余量。

图4-2-60、图4-2-61:最后作成垂褶的前裤身的正视、侧视图,要求下裆缝垂褶的下部位要平整,侧缝要平整。

图4-2-62:将前裤身取下,烫平,整理作成腰部褶裥,并将下裆缝作成直线,与脚口成垂褶状。由于前后裤身基本相同,可按前裤身覆制后裤身,在侧缝处相连。

图4-2-63、图4-2-64为最后完成的垂褶裤的正视图、侧视图。

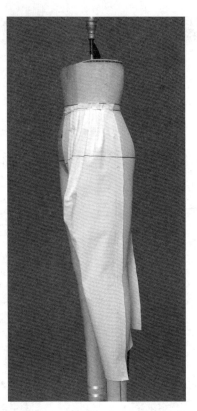

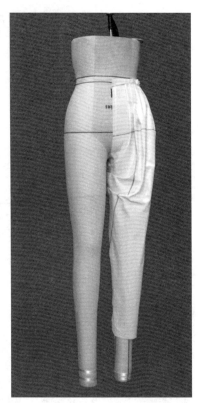

图4-2-60

图4-2-61

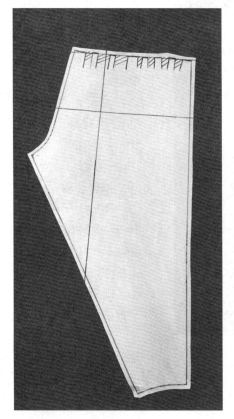

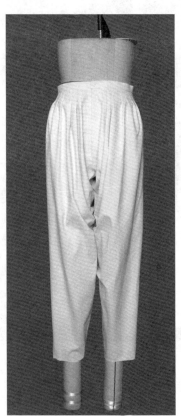

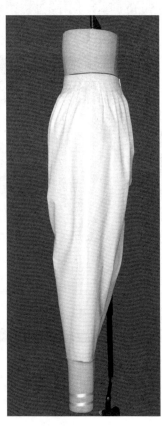

图4-2-62

图4-2-63

图4-2-64

第5章 变化造型衣领

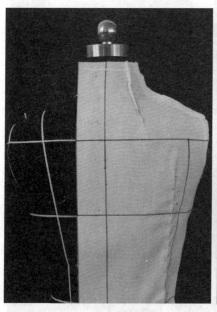

图5-1-1 背视图

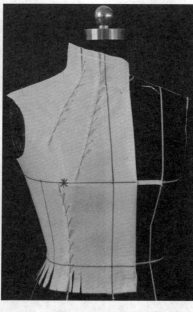

图5-1-2 正视图

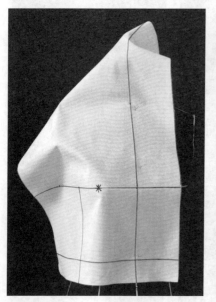

图5-1-3

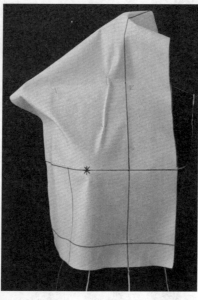

图5-1-4

5.1 连身立领

造型如图5-1-1、图5-1-2。

款式分析：

领身廓形：侧倾角成45°左右，与人体颈部贴合，成自然状。

结构要素：作领口省，即使领身直立，又消除胸、背部浮余量。

胸围线以上曲面处理量：

前片——用两个领口省消除前胸部曲面量；

后片——用一个领口省消除后背部曲面量；

领窝造型——按基础领窝开低1cm设计，领座按常规造型（3.5~4.5cm）设计。

操作步骤：

图5-1-3：取长＝腰节长+20cm、宽＝B/4+10cm的坯布，画上经向前中线，横向BL、WL并与人台覆合一致。

图5-1-4：将一部分前浮余量转至第一个领口省，用大头针暂时固定。

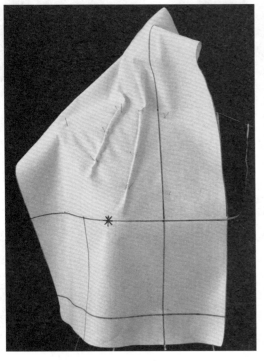

图5-1-5

图5-1-6

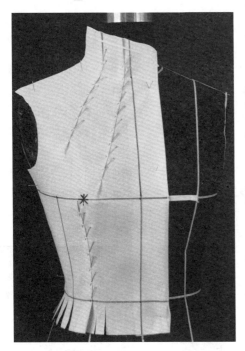

图5-1-7

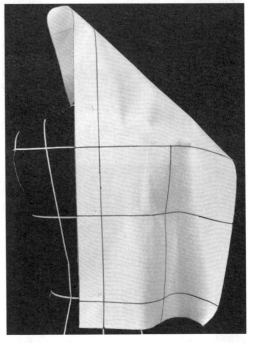

图5-1-8

图5-1-5：将另一部分前浮余量转至第二个领口省，第二个领与第一个省应错位，用大头针暂时固定。

图5-1-6：将二个领口省的大山，方向整体调整后用大头针顺着省道方向固定。

图5-1-7：将领嘴剪开，并用标志线作出领上的造型。

图5-1-8：取 长 = 腰 节 长+20cm、宽 = B/4+10cm的坯布，画上经向后中线,横向BL、HL、背宽线,并与人台覆合一致。

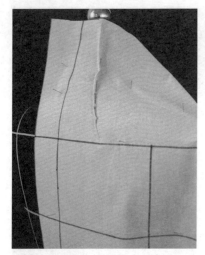

图5-1-9

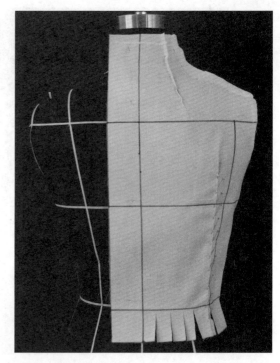

图5-1-10

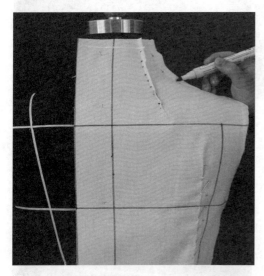

图5-1-11

图5-1-9：将后浮余量转至后领窝省并用大头针固定。

图5-1-10：作出领上口造型线，修剪后与前衣身在省侧缝部固定。

图5-1-11、图5-1-12：在前后领口省处用笔作点影线，以确保衣身取下来能确认省道的大小和方向。

图5-1-13：将衣身取下烫平，修正，画顺领口省及衣身其他部位，观察到第一个领口省为对准BP的省，第二个领口省为不对BP的省。

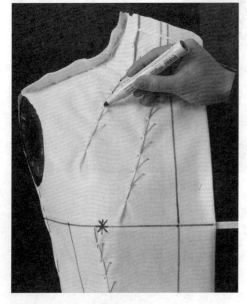

图5-1-12

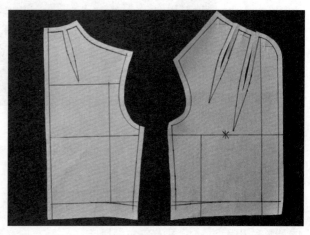

图5-1-13

5.2 翻立领

造型如图5-2-1、图5-2-2。

款式分析：

领身廓形：前领上口线为直线形的翻立领，领侧部做倾角为95°左右。

结构要素：单立领领身设计，翻领与领座的纵、横向里外层松量的处理。

领窝造型——按基础领窝前部向下开低1~1.5cm设计。

领身造型——前领座按2.8cm，后领座按3.5cm，前翻领宽按5~6cm，后翻领宽按后领座+0.7cm设计。

操作步骤：

图5-2-3：取长＝腰节长＋10cm、宽＝B/4+10cm的坯布，作出经向前中线、侧线，横向BL、WL后与人台覆合一致。

图5-2-4：将前浮余量消除，作标志线定出肩线、领高线、袖窿及肩线。

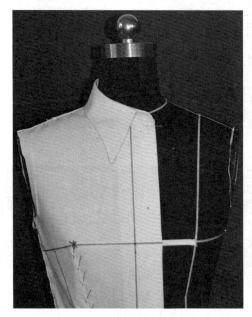

图5-2-1 正视图

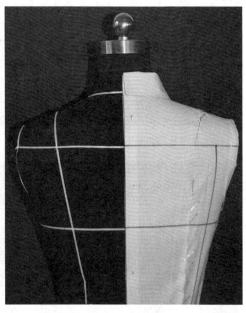

图5-2-2 背视图

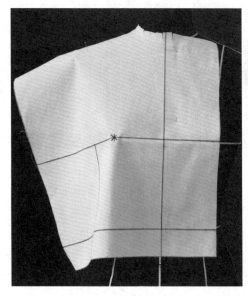

图5-2-3

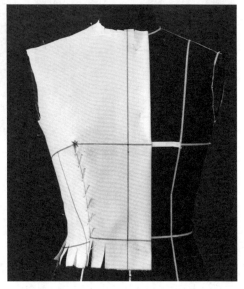

图5-2-4

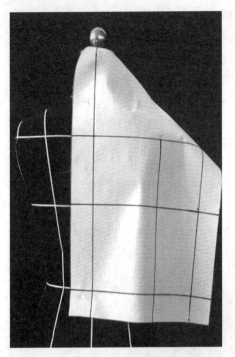

图5-2-5

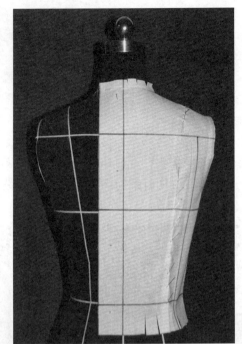

图5-2-6

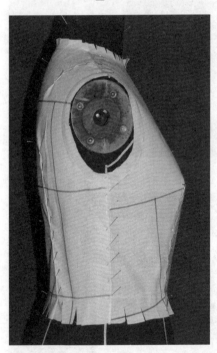

图5-2-7

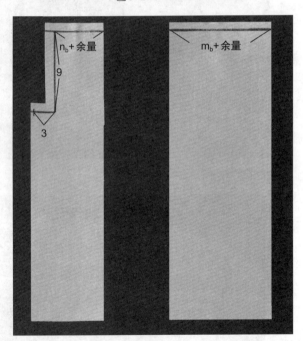

图5-2-8

图5-2-5：取长＝腰节长＋10cm、宽＝1/4B＋10cm的坯布，作出经向后中线、侧线，横向BL、WL后与人台覆合一致。

图5-2-6：将后浮余量在肩上消除，腰部收腰并作上标志线定出肩线、领高线、袖窿及腰线。

图5-2-7：作成后的简单的衣身。

图5-2-8：取经向坯布，作领座的坯布长＝领围/2＋5cm，宽＝n_b＋余量＝3.5cm＋2.5cm＝6cm，且剪去9cm作为后领座，作翻领的坯布长＝领围/2＋10cm，宽＝m_b＋余量＝4.2cm＋5cm＝9.2cm。

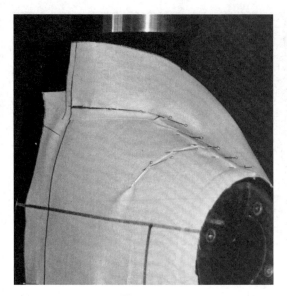

图5-2-9

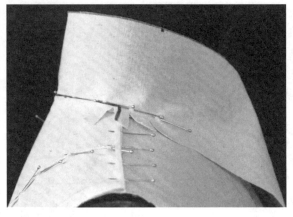

图5-2-10

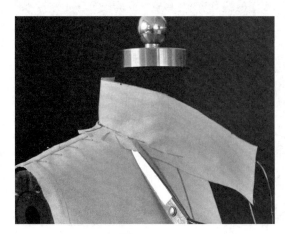

图5-2-11

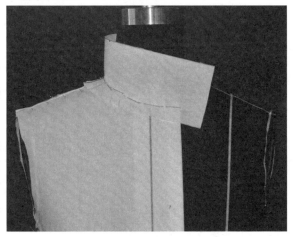

图5-2-12

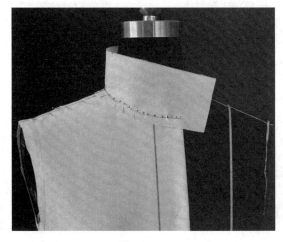

图5-2-13

图5-2-9：将领座坯布的后领座部位装于衣身后领窝、注意在近后中线5cm以内只需将领身平整安装。

图5-2-10：在近SNP处应将领身作出0.3cm吃势稍宽松地安装于衣身领高，不平整的部位作剪切口（打刀眼）使之平整。

图5-2-11：按造型设计需要，将领身向前身弯曲，在下部作剪切口使前身造型成较直状。

图5-2-12：继续图5-2-11的动作，将领身下口作剪切口，使之平整，以便作出前领身造型。

图5-2-13：将领下口作剪切口，预留1cm缝份，其他多余的布料剪去。

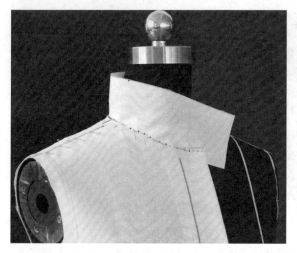

图5-2-14

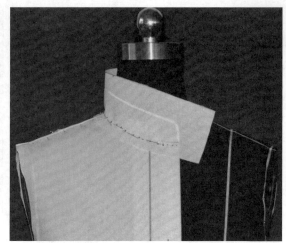

图5-2-15

图5-2-14：将领身作整体的调整，
使之平整且作出造型需要的立体效果。

图5-2-15：在领上口处作造型线、
确定领座的前型。

图5-2-16：预留缝份1cm，剪去多
余布料。

图5-2-17：将翻领坯布上口的后
领部分与领座上口平整固定。

图5-2-18：作出翻领下口的形状，
留出1cm缝份后，除去多余部分。

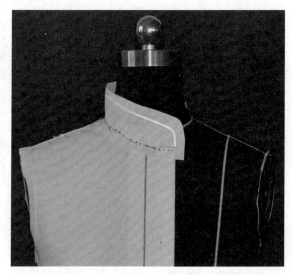

图5-2-16

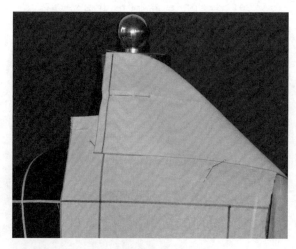

图5-2-17

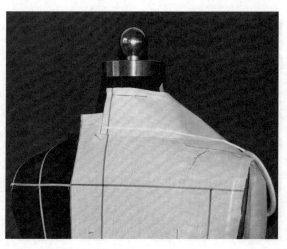

图5-2-18

图5-2-19

图5-2-20

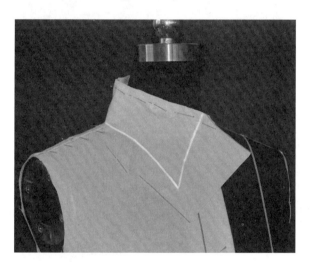

图5-2-21

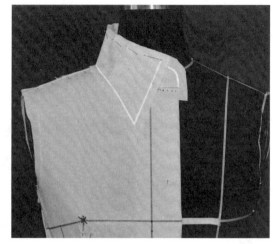

图5-2-22

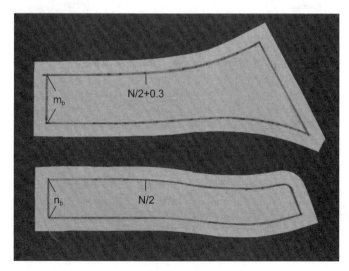

图5-2-23

图5-2-19：将翻领侧部的布料整理成造型所需求的形状，然后继续作造型线。

图5-2-20：将翻领上口与领座固定后，在位于肩线附近，翻领要稍宽松些，然后剪去多余量，继续作领下口的造型线。

图5-2-21：调整整个领身，然后作好翻领下口造型线。

图5-2-22：最后留下1㎝缝份，剪去多余坯布，作成所需翻立领造型。

图5-2-23：取下翻领及领座，修正画顺，作出领座与翻领的布样。

5.3 拿破仑领

造型如图5-3-1。

款式分析：

衣身廓形：前部有驳头有翻立领的造型，翻立领前上口线为直线形，倾斜角为95°左右。

结构要素：驳头与领身的结构配合，翻立领的领座与翻领之间的配伍。

领窝造型——在基础领窝上开低1.5~2cm，距前中线小于等于1cm处为装领点。

驳头造型——驳头为直线状，长度较前领身长，驳头宽约9~11cm宽。

操作步骤：

图5-3-2：取长＝腰节长+10cm，宽＝B/4+10cm，叠门宽＝15cm的坯布，作出经向前中线、侧线，围向BL、WL后与人台覆合一致。

图5-3-3：将前浮余量消除，在翻折止点

图5-3-1　前视图

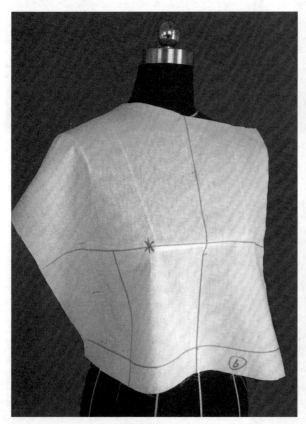

图5-3-2

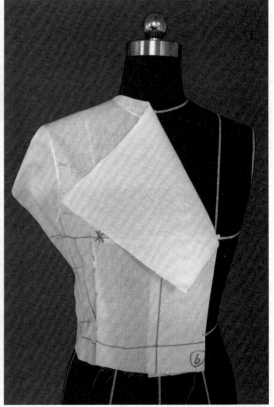

图5-3-3

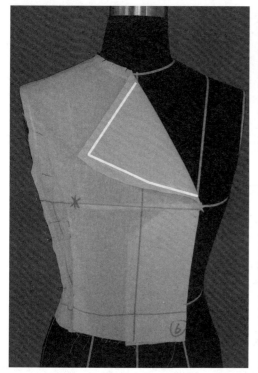

图5-3-4

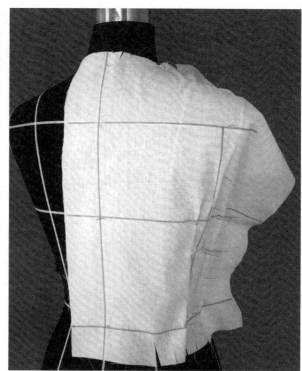

图5-3-5

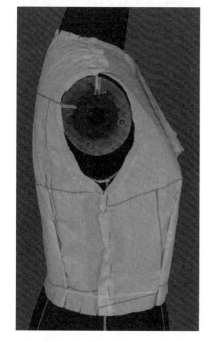

图5-3-6

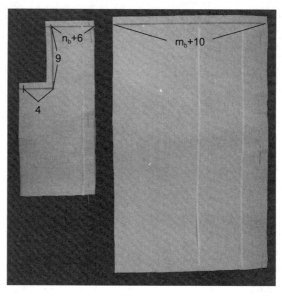

图5-3-7

处剪开将叠门折叠,留出画驳头的部位。

图5-3-4:在驳头部位作出驳头造型线,留出2cm缝份后剪去多余量。

图5-3-5:取长＝腰节长+10cm、宽＝B/4+10cm的坯布,作出纵向后中线、背宽线、横向BL、WL后与人台覆合一致。

图5-3-6:将前后衣身拼合作出基本衣身。

图5-3-7:取长＝领围/2+5cm、宽＝n_b+6cm的直料,且剪去长＝9cm、宽＝3cm的缺口作为后领座的装领部位,作长＝领围/2+10cm、宽＝m_b+10cm的直料坯布作为翻领用坯布。

图5-3-8：将领座后部安装于领高，要求平整。

图5-3-9：在肩线附近注意将领身稍有吃势（0.3cm左右）装于衣身领窝上，下口要打刀眼以使领身平整。

图5-3-10：在上领口作造型线，注意前领口线为直线形，预留1cm缝份后剪去多余布料。

图5-3-11：将翻领部分的坯布的后部剪去余量，平整地安装于领座。

图5-3-12：在近肩缝处，翻领要稍有吃势，翻领部分上口边作造型边修剪去多余部分。

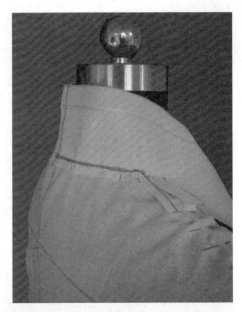

图5-3-8

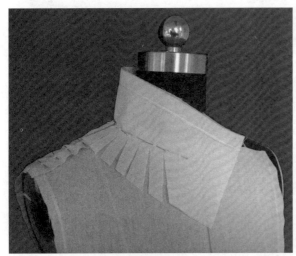

图5-3-9

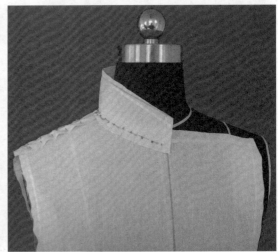

图5-3-10

图5-3-11

图5-3-12

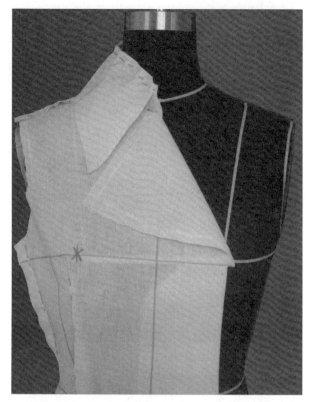

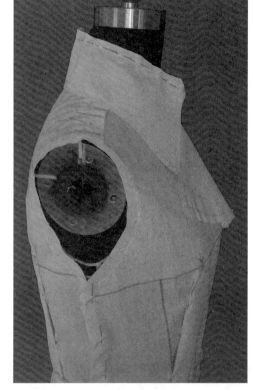

图5-3-13

图5-3-14

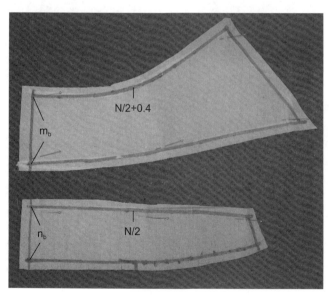

图5-3-15

图5-3-13：作出翻领前部造型线，注意与驳头和领座的整体配伍。

图5-3-14：作成的翻立领侧面造型。

图5-3-15：翻立领展平的领座和翻领部分的布样。

5.4 皱褶立领

造型如图5-4-1～图5-4-3。

款式分析：

领身廓形：蓬松富有立体感的单立领。

结构要素：单立领结构构成，装填充料产生膨松的立体感。

领窝造型——左右领窝不对称，在基础领窝上开始4~6cm设计。

领身造型——领底抽缩，内装充料使其膨松富有体积感。

操作步骤：

图5-4-4、图5-4-5：取直料坯布，领长＝48cm左右、领座宽n_b＝8cm左右（考虑到内有填充料），并剪成上口成连折状，下口成圆弧状。

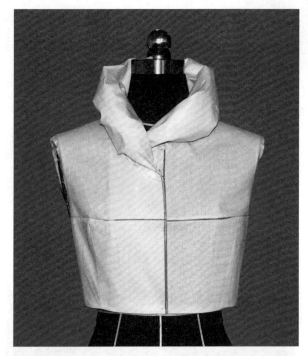

图5-4-1 前视图

图5-4-2 侧视图

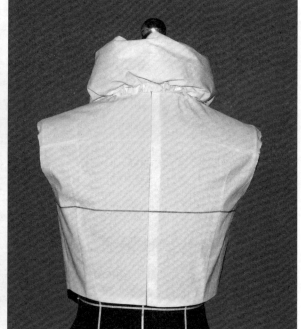

图5-4-3 背视图

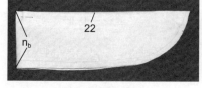

图5-4-4

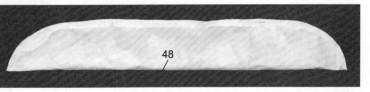

图5-4-5

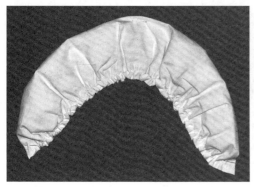

图5-4-6

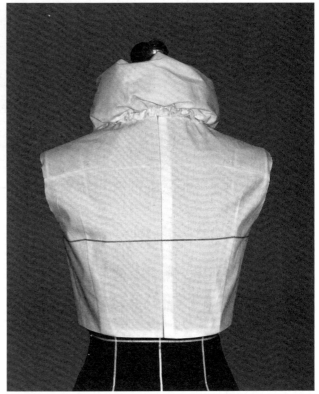

图5-4-6：领身放入填充料（一般
用化纤棉）后，将圆弧形的下口用缝线
假缝，抽紧，形成皱褶。

　　图5-4-7：将领身下口线与衣身
后领窝固定。

　　图5-4-8：将领下口侧面与领窝
固定。

　　图5-4-9：最后固定完成的领身
前部造型。

图5-4-7

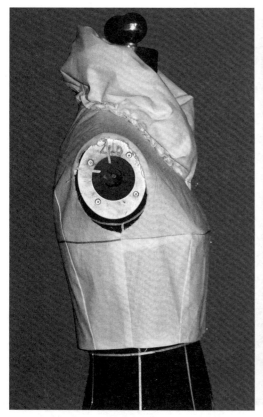

图5-4-8

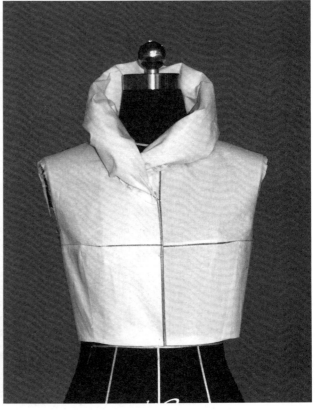

图5-4-9

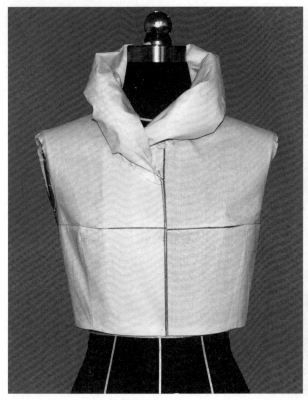

图5-4-10

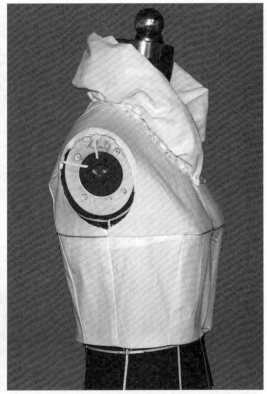

图5-4-11

图5-4-10~图5-4-12：将领身取下，局部修正、调整后，正式缝合于衣身后的领前、侧、后外形。

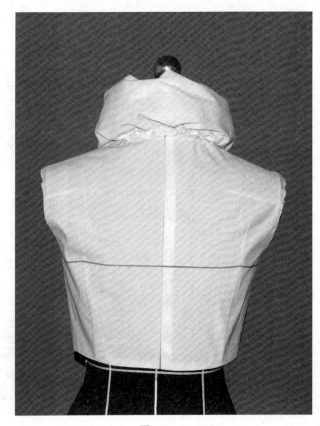

图5-4-12

5.5 连身垂褶立领

造型如图5-5-1、图5-5-2。

款式分析：

领身廓形：领身倾斜角为90°~95°，领高4~5cm，前领身下有垂褶。

结构要素：立领身与衣身相连，衣身设置省道与分割线，作成前领下部的垂褶。

腰围线以上曲面处理量：

前片——将腰部及背部的曲面量转移至领口垂褶加以处理。

后片——将腰部及背部的曲面量转移至领口肩背省加以处理。

领窝造型——基础领窝向下开大2cm左右。

操作步骤：

图5-5-3：取长＝衣长＋20cm、宽＝B/2＋20cm的矩形布样，画出经向前中线，横向BL、WL

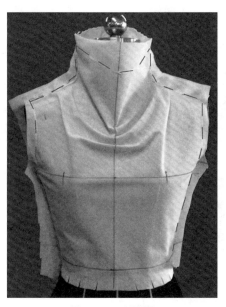
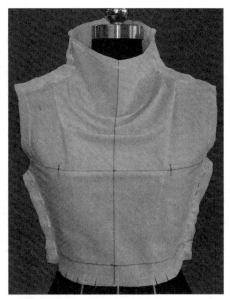

图5-5-1 前视图   图5-5-2 后视图

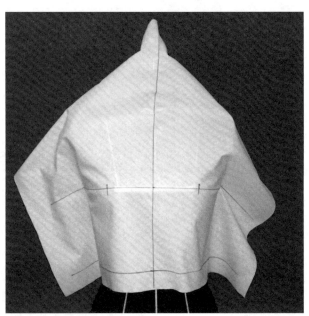

图5-5-3

图5-5-4

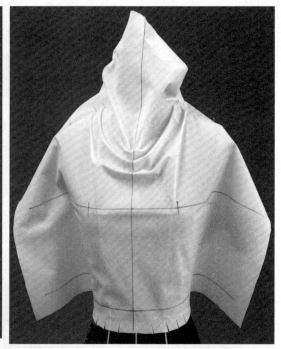

图5-5-5

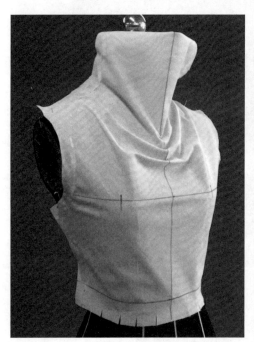

图5-5-6

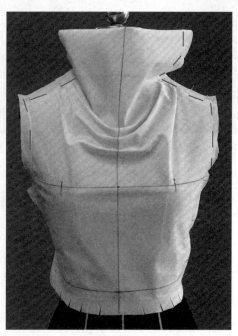

图5-5-7

及BP点并与人台覆合一致。

图5-5-4：将腰省及前浮余量都转移到肩胸部。

图5-5-5：将前领部布料向下推移，使前胸部垂褶作成左右对称自然形态。

图5-5-6：在右边领肩部，袖窿处，侧缝处作出造型线，预留缝份后剪去多余的量。

图5-5-7：在左边领肩部，袖窿处，侧缝处作出造型线，预留缝份后剪去多余量，注意尽量使左右两侧造型一致。

图5-5-8：取与前衣身相同的布料，画上经向后中线，横向BL、WL，并与人台覆合一致。

图5-5-9：将左侧腰省及后浮余量捋至颈部作出领省。

图5-5-10：将右侧腰省及后浮余量捋至颈部作出领省，注意左右两侧领省的大小位置要一致。

图5-5-11：在领肩部、袖窿处、侧缝处作出造型线，预留缝份后剪去多余的量。

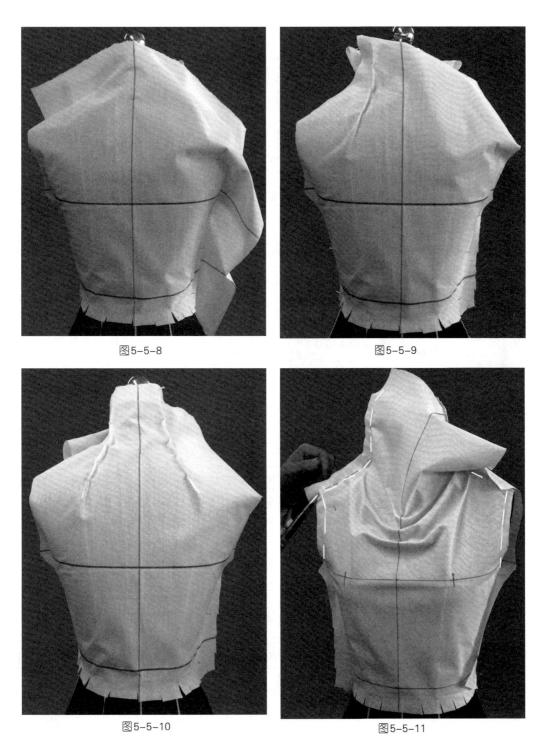

图5-5-8

图5-5-9

图5-5-10

图5-5-11

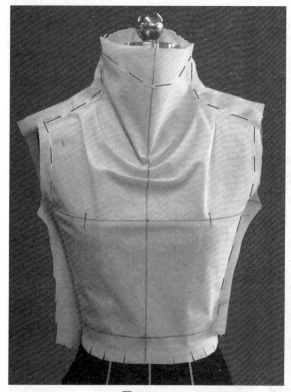

图5-5-12

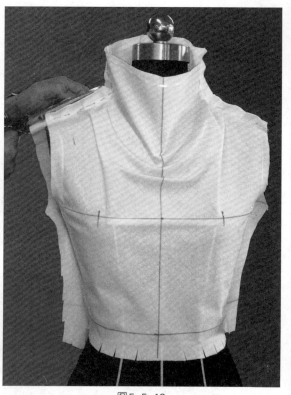

图5-5-13

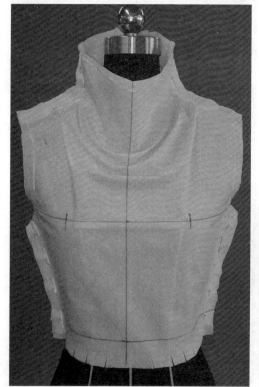

图5-5-14

图5-5-12：在领上口处作出造型线，注意前后领口要光顺自然。

图5-5-13：调整前后肩缝，使立领的侧部自然光顺，并剪去不平量。

图5-5-14：最后作成的连身垂褶立领正面图。

图5-5-15：将布样取下后烫平，修正画线，展平成最后的布样。

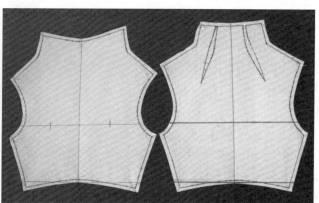

图5-5-15

5.6 翻折线为圆弧的翻折领

造型如图5-6-1~图5-6-3。

款式分析：

领身廓形：翻折线前部为圆弧状的翻折领，领侧部倾角为100°左右。

结构要素：翻折线的形状与领下口线的结构关系。

领窝造型——基础领窝向下开低10~12cm,且成圆弧状。

领身造型——后领座为2.8cm,后翻领为领座宽+1.5cm,领前部平坦。

操作步骤：

图5-6-4：在衣身上按衣领造型用标志线作出领高。

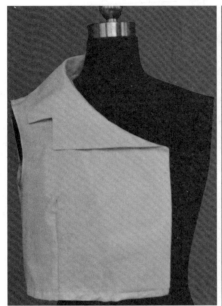

图5-6-1 前视图

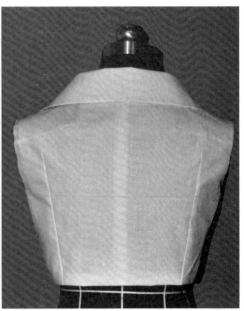

图5-6-2 后视图

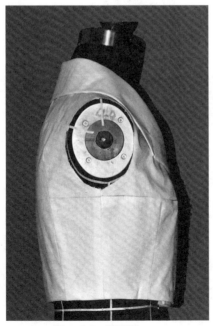

图5-6-3 侧视图

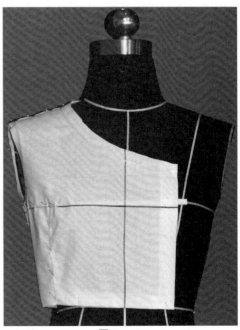

图5-6-4

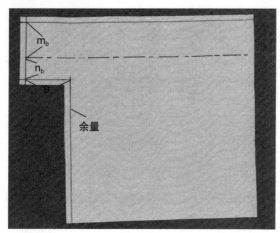

图5-6-5

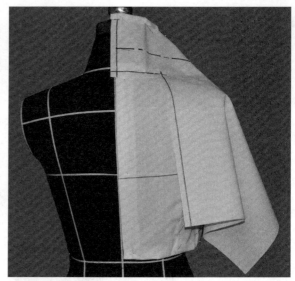

图5-6-6

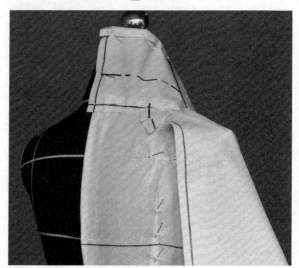

图5-6-7

图5-6-5：取45°正斜或横料，长＝领长＋5cm（余量），领座宽＝2.5cm，翻领＝4cm，画出翻折线，并在后领部分剪去9cm，放出领下口余量（视造型而定，放出充足的量）。

图5-6-6：将领身坯布后领高平坦装于衣身。

图5-6-7：将领身坯布在近肩缝处作剪切口，并拉紧装于衣身领高。

图5-6-8：将翻领部分按翻折线部位折下，观察翻领部分是否平坦，不松不紧。

图5-6-9：继续将领座作剪切口并拉伸后固定于衣身。

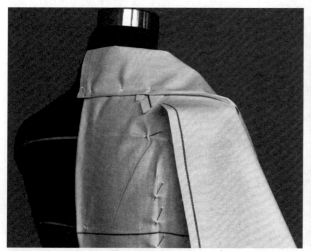

图5-6-8

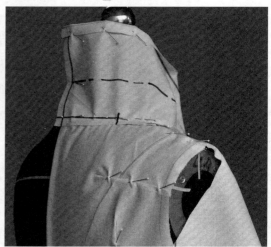

图5-6-9

图5-6-10：将翻领翻向正面,观察翻领部份的翻折线是否为圆弧形,领身外口是否平整。

图5-6-11：将领身向外侧推出,在领下口作剪切口,拉伸后固定于领窝。

图5-6-12：将翻领再翻向正面,观察领身翻折成形状是否为圆形,领身是否平整。

图5-6-13：注意根据造型要求,对领身的翻折线形状及外侧的平整性进行整理。

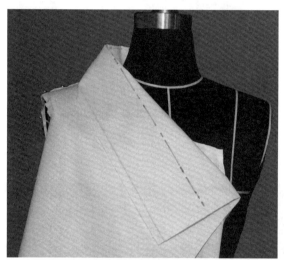

图5-6-10

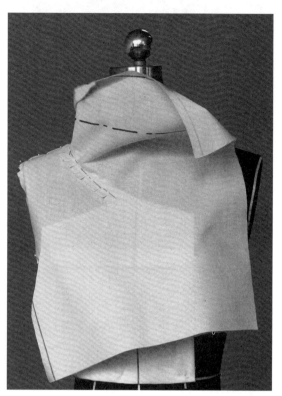

图5-6-11

图5-6-12

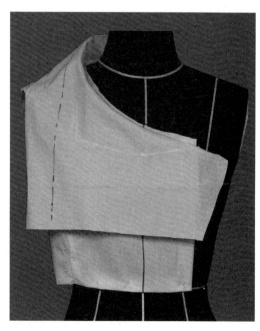

图5-6-13

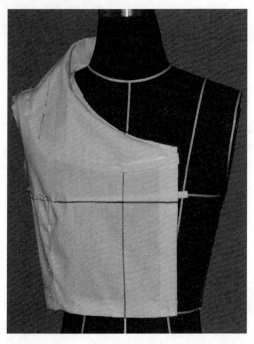

图5-6-14

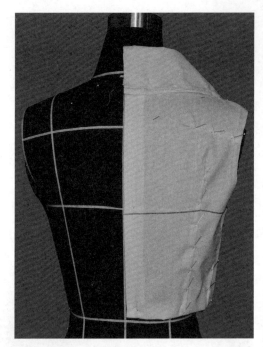

图5-6-15

图5-6-14：按造型在领身上作领轮廓标志线。

图5-6-15：作成的领身后视部分，要求按规定的折叠后领身、领座、翻领要平整。

图5-6-16：将领身取下烫平、修正、划顺。

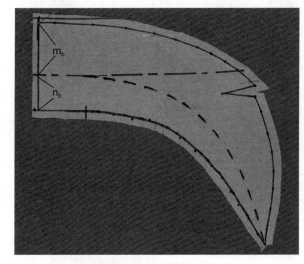

图5-6-16

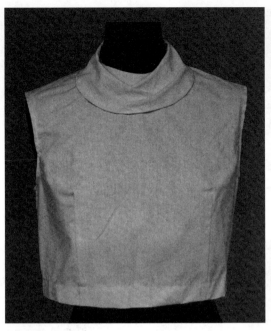

图5-7-1 正视图

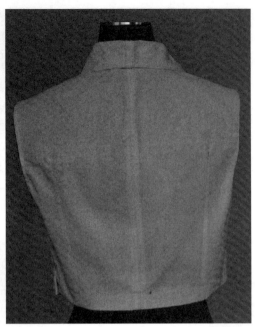

图5-7-2 背视图

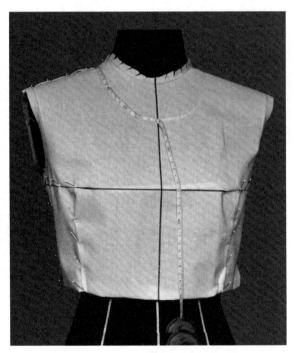

图5-7-3

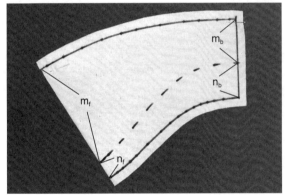

图5-7-4

结构要素：翻折领的前部，加上垂褶后的结构变形。

领窝造型——在基础领窝上开低3cm。

领身造型——前部增加两个垂褶，前中线取45°斜裁布料。

操作步骤：

图5-7-3：作出基础衣身，用标志线作出领窝线和垂褶翻折领的外轮廓线（该线是对垂褶领外轮廓的设计）。

图5-7-4：测量领窝弧长外轮廓弧长，设计后领 n_b、m_b 及前领 n_f、m_f，作出基础领身，注意领前中线必须为连口。

5.7 垂褶翻折领

造型如图5-7-1、图5-7-2。

款式分析：

领身廓形：翻折线为圆弧的翻折领前部加上垂褶，侧部倾斜角为95°左右。

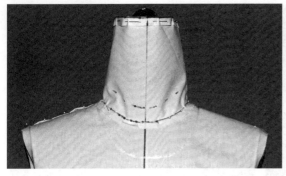

图5-7-5

图5-7-7

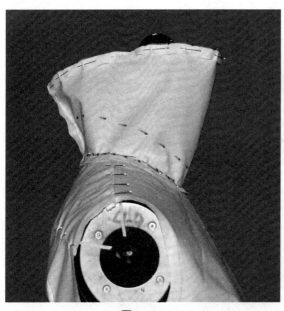

图5-7-6

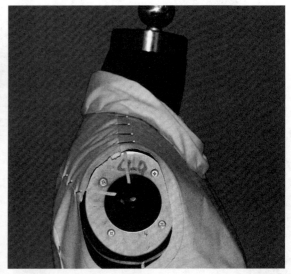

图5-7-8

图5-7-5：将基础领身装于领窝，安装时领下口线要稍拉伸。

图5-7-6：观察整体按照情况，并做局部调整。

图5-7-7：将领身翻向正面、观察正面造型（褶量、褶形）。

图5-7-8：观察侧面造型。

图5-7-9：观察后面造型，后领身下口线要顺直，不能凹凸。

图5-7-9

图5-8-1 背视图

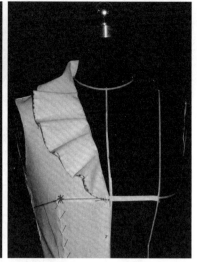

图5-8-2 正视图

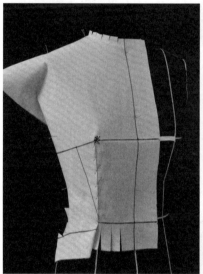

图5-8-3

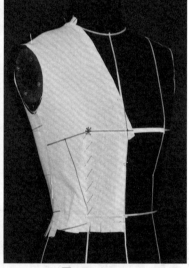

图5-8-4

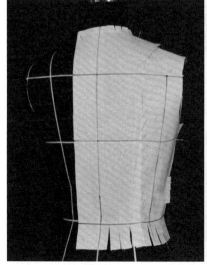

图5-8-5

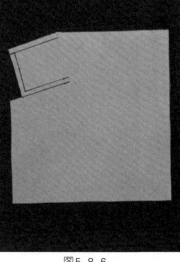

图5-8-6

5.8 波浪翻折领

造型如图5-8-1、图5-8-2。

款式分析：

领身廓形：翻折线为直线的翻折领，前部翻折领有波浪，后部领身较贴颈。

结构要素：翻折线为直线的翻折领的基本型上增加波浪量。

领窝造型——在基础领窝上开低至胸围线以下。

领身造型——领座≤3cm，翻领宽＝领坐宽+≥3cm，波浪量每个4cm左右，波浪个数酌定。

操作步骤：

图5-8-3：取长＝腰节长+10cm、宽＝B/4+10cm的坯布，作出纵向前中线、侧线，横向BL、WL后与人台覆合一致。

图5-8-4：将前浮余量及卡腰量用Y形省消除，将领窝作成V字形。

图5-8-5：取长＝腰节长+10cm、宽＝B/4+10cm的坯布，作出纵向后中线，横向BL、WL，背宽线且与人台覆合一致，并在肩缝消除后浮余量，作出腰省。

图5-8-6：取长＝35cm、宽＝35cm的矩形坯布，在一边作斜向剪口，剪口长＝9cm，翻领座n_b，翻领m_b视造型而定，一般取n_b＝3~3.5cm，m_b＝4~5cm左右。

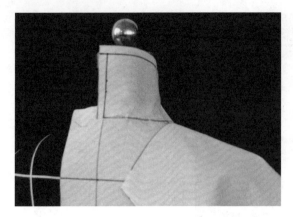

图5-8-7

图5-8-7：将后领身平整装于后领窝。

图5-8-8：领身边安装于领窝（领身稍拉紧），边将领外口作出波浪，边将领下口逐段剪开。

图5-8-9：继续上述方法边作出领外口波浪，边逐段剪开领下口使之平整，注意要多次反复观测。

图5-8-10：翻领翻下，观测波浪的外形、效果是否确定，如不确定，再在领下口处将领身调整。

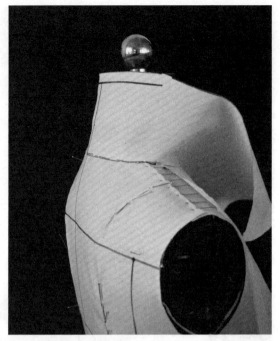

图5-8-8

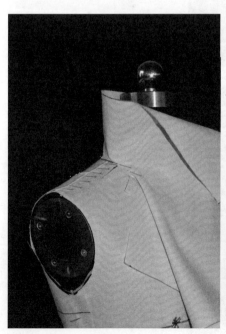

图5-8-9

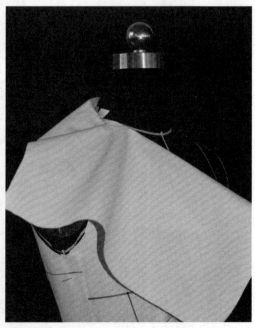

图5-8-10

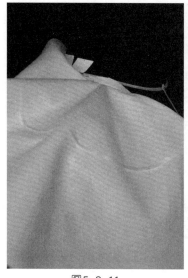

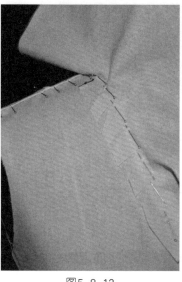

图5-8-11　　　　　　　　图5-8-12

图5-8-11：翻领外口作轮廓造型线。

图5-8-12：将外口波浪作出，边拉紧领下口，边作剪切口安装于领高。

图5-8-13：前领下口线作剪切口，整理平整，剪去多余布料。

图5-8-14：最后作成波浪翻折领，波浪立体感强，外轮廓线流畅。

图5-8-15：将波浪领展平后烫平修正，作成平面布样。

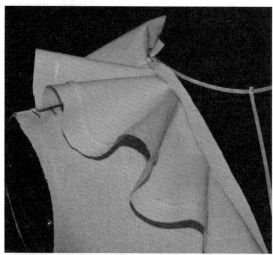

图5-8-13

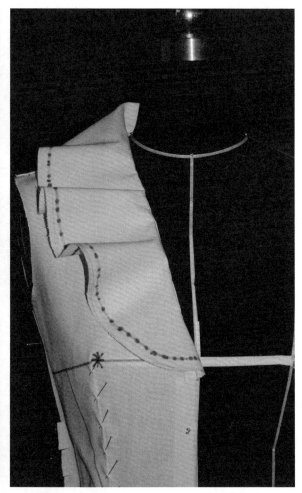

图5-8-15　　　　　　　　图5-8-14

5.9 八字型翻折领

造型如图5-9-1、图5-9-2。

款式分析：

领身廓形：外部八字形斜向跨越肩部的翻折领，内部为单立领。

结构要素：斜向跨越肩部的翻领松量估计。

胸围线以上曲面量处理：

前片——大部分可处理在八字形领窝内。

领窝造型——根据造型作八字形斜向状至袖窿处。

领身造型——外部翻折领为领座≤3cm的翻折线为直线的翻折领，内部立领为$\alpha_b=95°$，领座≤3cm的单立领。

操作步骤：

图5-9-3：取长＝腰节长+10cm，宽＝B/4+10cm坯布，画出纵向前中线，侧线，横向BL、WL，并与人台覆合一致，将前浮余量转至斜向的肩省。

图5-9-4：将斜向肩省剪开，用标志线作出前领高及门襟造型。

图5-9-5：取长＝腰节长+10cm、宽＝B/4+10cm坯布，画出纵向后中线，侧线，横向BL、WL、背宽线并与人台覆合一致，将后浮余量转入后肩省。

图5-9-6：取长＝领围/2+5cm、宽＝n_b+5cm的直料，按单元领的立体构成方法，在后领高固定。

图5-9-1

图5-9-2

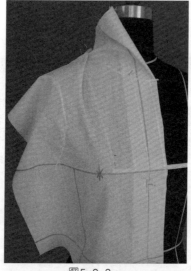

图5-9-3

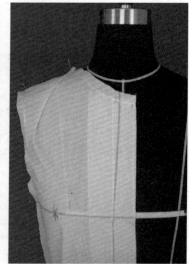

图5-9-4

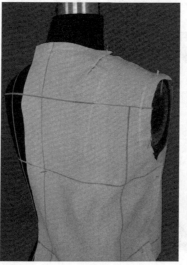

图5-9-5

图5-9-6

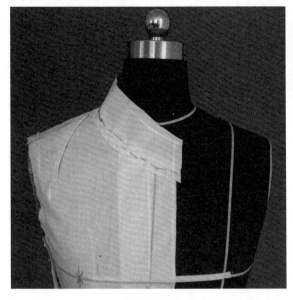

图5-9-7

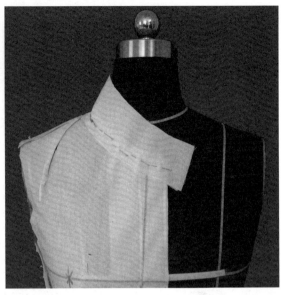

图5-9-8

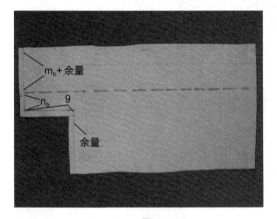

m_b+余量

n_b 9

余量

图5-9-9

图5-9-7：在领下口作出剪切口，在近肩缝处领身要吃势0.3cm，前领身的位置要按位置较低的造型设计。

图5-9-8：用标志线作出领上口及门襟的造型。

图5-9-9：取长＝领围/2+10cm，宽＝n_b+m_b+11cm的斜料，剪去9cm长的后领部作为翻折领的布样。

图5-9-10：将翻领的后领部与后领窝对准，平整固定。

图5-9-11：在近肩缝处应将领身按与前身斜形肩省对准，且在该处领身安装时要稍拉紧。

图5-9-10

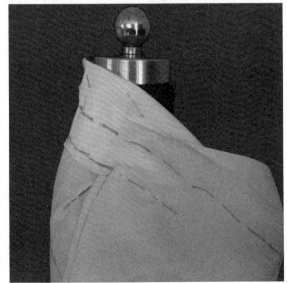

图5-9-11

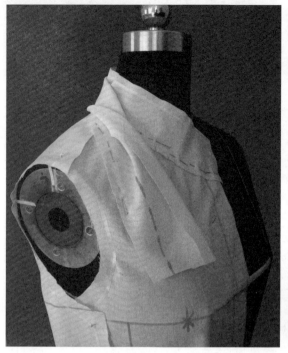

图5-9-12

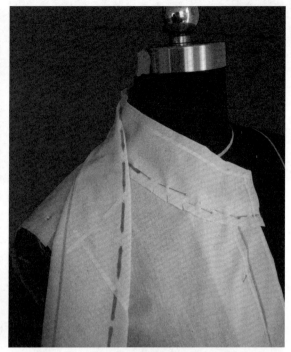

图5-9-13

图5-9-14

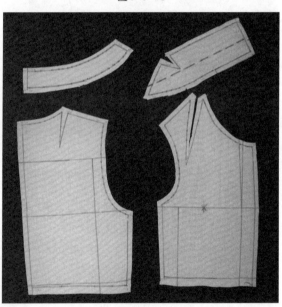

图5-9-15

图5-9-12：将前领身装于斜向领口省处。

图5-9-13：用标志线作出领外轮廓造型。

图5-9-14：留出1cm缝份后剪去衣领外轮廓多余量，完成最后造型。

图5-9-15：将衣领取下，衣身衣领一并整烫平整，修正画顺后的布样。

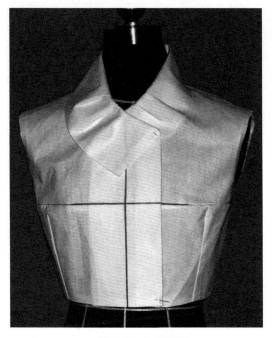

图5-10-1 正视图

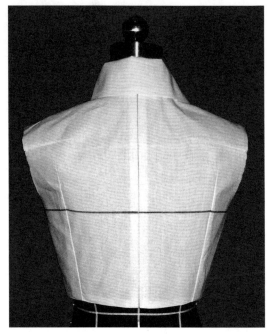

图5-10-2 背视图

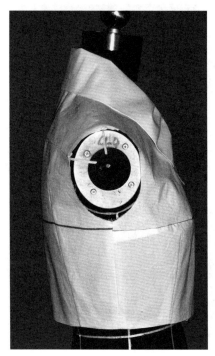

图5-10-3 侧视图

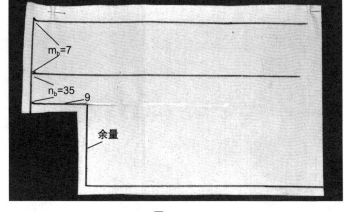

图5-10-4

5.10 领身作褶裥的翻折领

造型如图5-10-1~图5-10-3。

款式分析:

衣身廓形:领下口做褶裥的翻折线为圆

弧状的翻折线,且左右不对称。

结构要素:基础的翻折领下口增加褶裥,不对称的左右领身。

领窝造型——基础领窝向下开低5cm。

领身造型——后领座按3.5cm,每个褶裥量为3~4cm,翻折线前部为圆弧形。

操作步骤:

图5-10-4:取横料或45°正斜料,画出翻折线,设定领座n_b,翻领宽m_b,下端挖去9cm作为后领身装领线,分别在上口放出余量(3cm左右),下口放出余量。

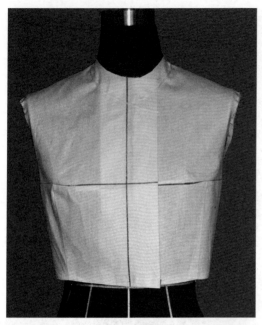

图5-10-5

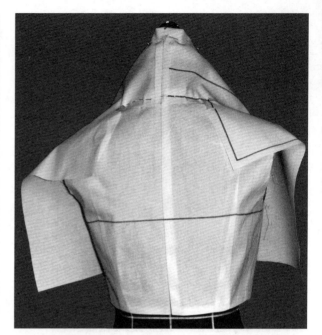

图5-10-6

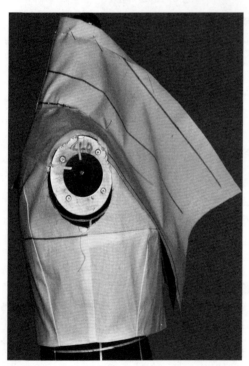

图5-10-7

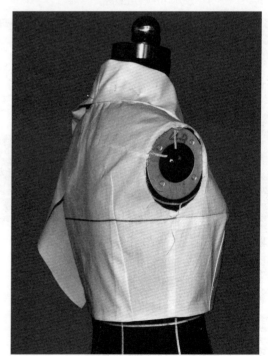

图5-10-8

图5-10-5：在人台上体作出基础的衣身，消除前后浮余量，且左右领窝有错位，右领窝位要稍低于左领窝。

图5-10-6：将后领身剪去9cm部位处，安装于衣身时只需平稳放置。

图5-10-7：在近肩缝处领下口作剪切口，领下口拉紧后安装于领窝。

图5-10-8：观察前右领身安装是否圆顺后，继续作剪切口，将前领身下口拉紧后安装。

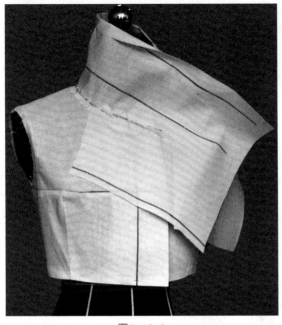

图5-10-9

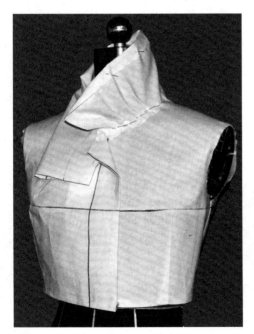

图5-10-11

图5-10-10

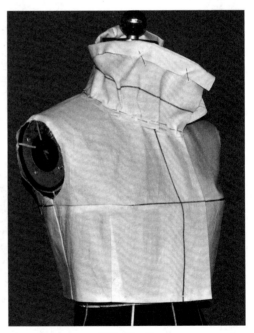

图5-10-12

图5-10-9：翻向正面，观察领身外口是否平整，既不多余，亦不拉紧。

图5-10-10：安装左领后领身，9cm剪口处要平稳。

图5-10-11：左领身近肩缝处要拉紧，

并按翻折线为圆弧线安装，在前领部位作褶裥。

图5-10-12：右领身部位拓展造型作出褶裥后将前领身装完整，注意要按翻折线为直线型安装。

图5-10-13：将左右领身翻向正面,观察领外口是否平整,领上口右侧是否为直线形,右侧是否为圆弧形。

图5-10-14：在领外口处作造型标志线,

留下缝份,剪去多余量。

图5-10-14~图5-10-16：仔细观察领整体外形（前、侧、后）,如不合适则应作局部调整。

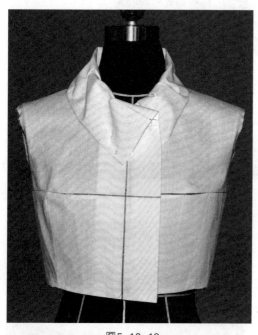

图5-10-13

图5-10-14

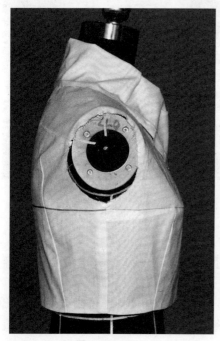

图5-10-15

图5-10-16

图5-10-17：最后完成的领窝形状。

图5-10-18：最后完成的领身形状。

图5-10-19~图5-10-21：缝制成型的领前、侧、后外形图。

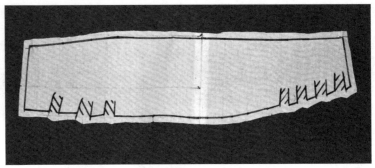

图5-10-18

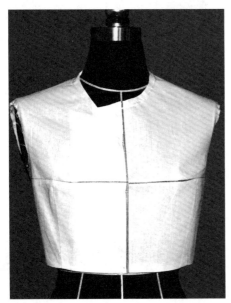

图5-10-17

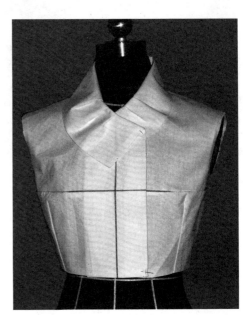

图5-10-19

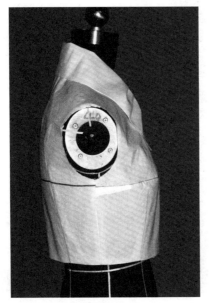

图5-10-20

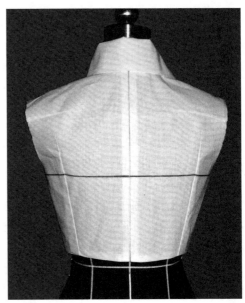

图5-10-21

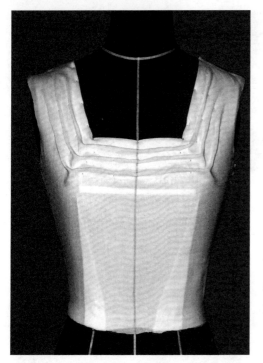

图5-11-2

图5-11-1　正视图

5.11　方形褶裥领

造型如图5-11-1。

款式分析:

领身廓形:方形褶裥状衣领。

结构要素:衣身浮余量及卡腰量都转入方形褶裥,且要求衣身平整。

腰围线以上曲面量处理:

前片——转入方形褶裥。

腰围线以下曲面量处理:

前片——转入方形褶裥。

领窝造型——在基础领窝上开大5cm,开深10cm左右。

领身造型——共三排褶裥,间距2cm左右,褶裥转折要平整,线条方正。

操作步骤:

图5-11-2:在人台上体贴体型里布,并用标志线标出方形领口造型,剪去多余量,并在方形领口处作剪口。

图5-11-3:取面布坯布,画出前中线、WL,并与人台中线覆合一致,然后将腰省及前浮余量集中于领口部位。

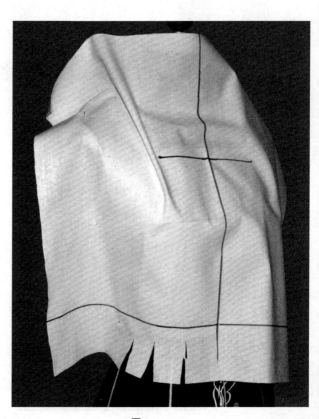

图5-11-3

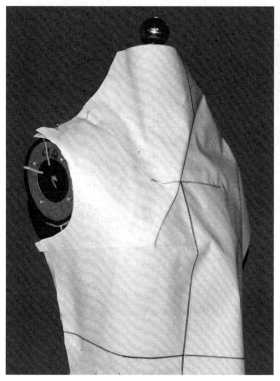

图5-11-4

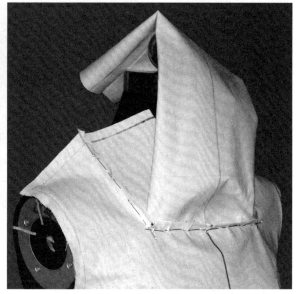

图5-11-5

图5-11-4：将面省领口位置取在里布领口位置的外侧，以增加成型后的褶裥量。

图5-11-5：将面布反面的领口与里布的领口对合后用大头针固定。

图5-11-6：将面布衣身翻向正面在领口处用大头针加以固定使之平整。

图5-11-7：整理出第二个方形褶裥，褶裥形状在横向最大，逐步消失在肩线并用大头针固定。

图5-11-6

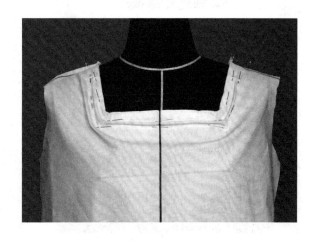

图5-11-7

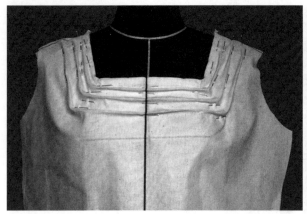

图5-11-8

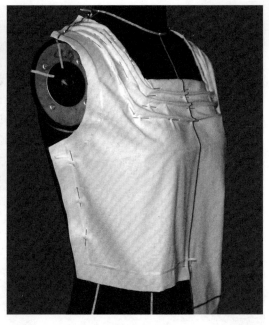

图5-11-9

图5-11-8：整理出第三个方形褶裥,方法与第二个相同。

图5-11-9：完成三个方形褶裥后在衣身要求前浮余量与腰省量都转移到方形褶裥中消去。

图5-11-10：最后完成的方形褶裥领衣身,局部可调整。

图5-11-11：展平的面布衣身图。

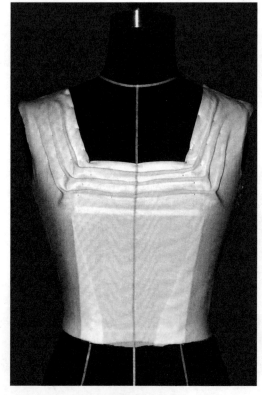

图5-11-10

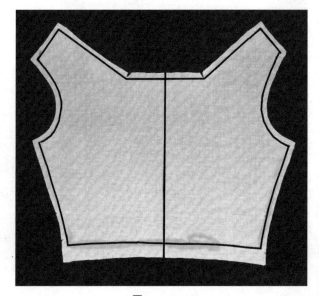

图5-11-11

第6章 变化造型衣袖

6.1 弯身圆袖 (一片袖)

弯身程度较小的圆袖,造型如图6-1-1~图6-1-3。

款式分析:

袖身廓形:稍弯身的圆袖,按一片袖结构构成。

结构要素:较贴体的袖山,衣身弯曲的袖身。

袖窿造型——袖窿深约24~26cm,作成圆袖。

袖身造型——袖山高取0.7~0.8成型袖窿深,
袖身向前≤1.5cm。

操作步骤:

图6-1-4:取长=袖长+15cm、宽=0.4B+10cm
的直料坯布,画出经向丝缕线和EL线、袖山高线 (袖
山高取≥0.8倍成型袖窿深)。

图6-1-1 前视图

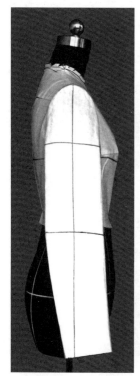

图6-1-2 侧视图

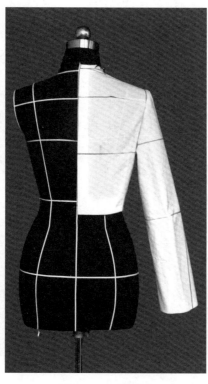

图6-1-3 后视图

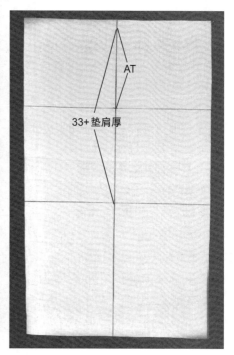

图6-1-4

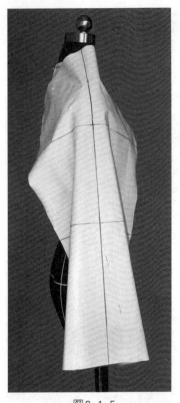

图6-1-5

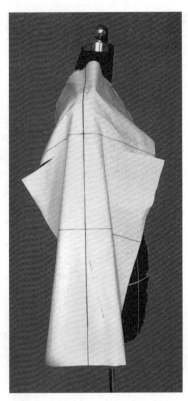

图6-1-6

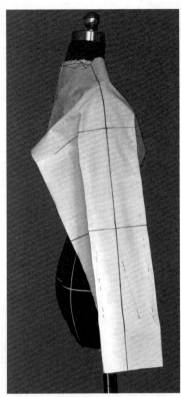

图6-1-7

图6-1-5：将袖身坯布的经向线与布手臂覆合一致，要求袖中线要垂直固定。

图6-1-6：在袖山线下3cm处作剪切口，以使袖底缝布料能向里折进。

图6-1-7：在袖中线两侧（一般袖肥取0.2B-1cm~2cm），按造型用大头针作出袖身大小，并可边观察袖身边调整。

图6-1-8：在袖肘线以下将袖口向里折进，将袖口做小覆合造型。

图6-1-9：在肩线周围将袖山部位的坯布用大头针大致别出造型。

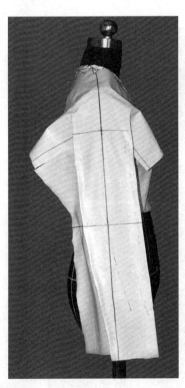

图6-1-8

图6-1-9

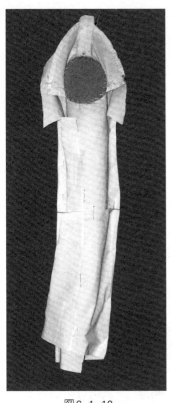
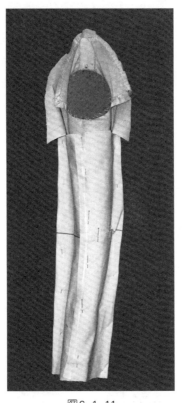

图6-1-10：将布手臂取下，在反面将袖布袖底中缝固定。

图6-1-11：将袖底缝大头针外留2cm缝份后剪去余量。

图6-1-12、图6-1-13：将袖坯布取下，并画顺修身，作出袖肘省，用曲线尺画出前后袖山，袖山形状要求与袖窿形状一致。

图6-1-14：将袖山用线缝合，抽缩，用大头针将修改好的袖布固定，作出弯身形一片圆袖。

图6-1-10　　　　　　　图6-1-11

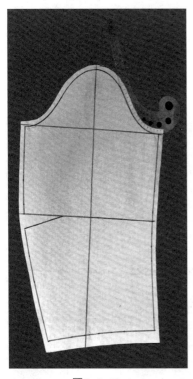
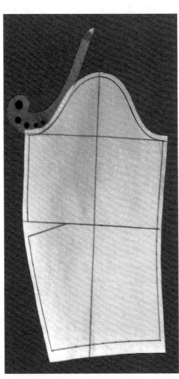
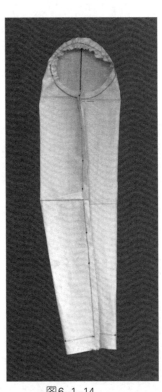

图6-1-12　　　　　图6-1-13　　　　　图6-1-14

6.2 弯身圆袖（二片袖）

袖身弯曲程度大的圆袖,造型如图6-2-1~图6-2-3。

操作步骤：

图6-2-4：在人台上作出衣身,注意根据

造型需要画出圆袖窿,并从肩点向下量取袖窿深,作为确定袖山高的依据。

图6-2-5：取 长 ＝ 袖 长+15cm、宽 ＝ 0.4B+10cm的直料坯布,画出经向丝缕线和EL线、袖山高线(袖山高取≥0.8倍成型袖窿深)。

图6-2-6：将修身坯布的经向线与布手臂

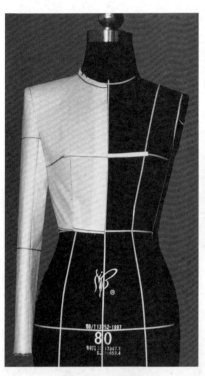

图6-2-1 前视图

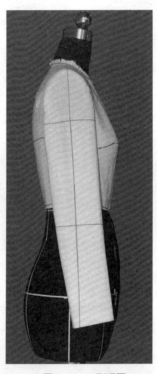

图6-2-2 侧视图

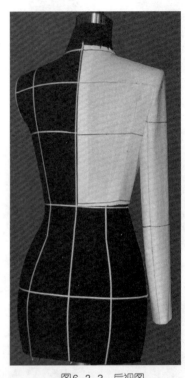

图6-2-3 后视图

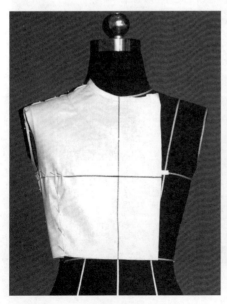

图6-2-4

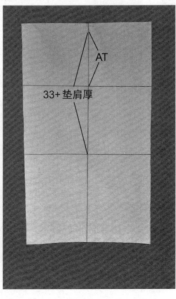

图6-2-5

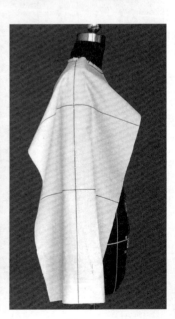

图6-2-6

覆合一致,要求袖中线要垂直固定。

图6-2-7:在袖中线两侧(一般袖肥取0.2B-0～2cm),按造型用大头针作出袖身大小,并可边观察袖身边调整。

图6-2-8:在前袖缝处做剪切口,将袖布拨开后后袖缝布固定。

图6-2-9:在肩线周围将袖山部位的坯布用大头针固定并大致别出造型。

图6-2-10:将布手臂取下在反面将袖布的袖底缝固定。

图6-2-11:将袖坯布取下,按平面制图方法作出两片弯身袖,并用曲线尺画出前后袖山,袖山形状要求与袖窿形状一致。

图6-2-12:将袖山用线缝合,抽缩,并将大小修身的袖缝固定。

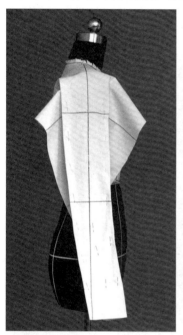

图6-2-7

图6-2-8

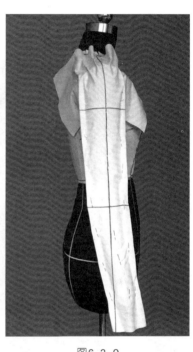

图6-2-9

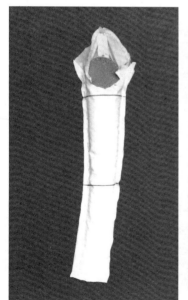

图6-2-10

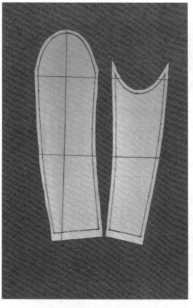

图6-2-11

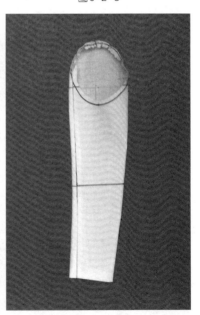

图6-2-12

6.3 连袖

造型如图6-3-1、图6-3-2。

款式分析：

袖身廓形：与衣身相连的袖身为直身的一片袖。

结构要素：袖山与袖窿相连的方位（袖中线与水平线的夹角）确定。

腰围线以上曲面处理量：

前片——部分在撇胸,部分下放,部分浮于袖窿处。

后片——部分在后肩缝缩,部分浮于袖窿处。

操作步骤：

图6-3-3：取长＝衣长+10cm、宽＝B/2+袖长的坯布,画上纵向前中线、侧线、横向BL、WL,并与人台覆合一致。

图6-3-4：将前浮余量一部分（小于等于1.5）转至前门襟处消除,并将剩余量置于所需袖款最高抬举位置。

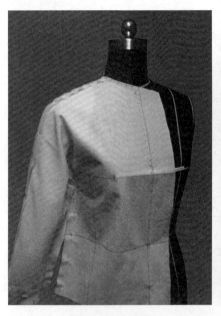

图6-3-1 正视图

图6-3-2 侧视图

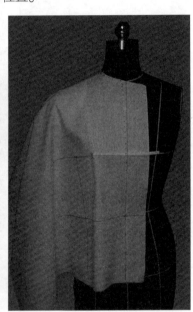

图6-3-3

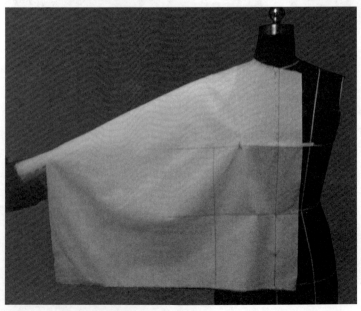

图6-3-4

图6-3-5：将袖中缝处坯布与布手臂固定，固定时应保持SP附近有一定的松量。

图6-3-6：用标志线作出前袖中缝的造型线，造型线的形状最弯可至布手臂的中线，须留缝份后剪去多余量。

图6-3-7：将布手臂重新抬起，将前衣身展平后，在前衣身侧部作出前衣身胸部松量。

图6-3-8：在袖底及侧缝处，估计袖肥（一般为0.2B+0~3cm）及前胸围后，作出造型线。

图6-3-9：在造型线外，预留2cm缝份后剪去多余量。

图6-3-10:取长＝衣长+10cm，款＝B/2+袖长的坯布，画上纵向后中线、侧线、横向BL、WL以及背宽线，并与人台覆合一致。

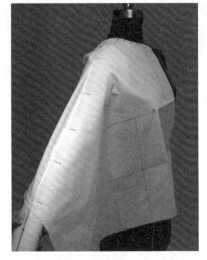

图6-3-5

图6-3-6

图6-3-7

图6-3-8

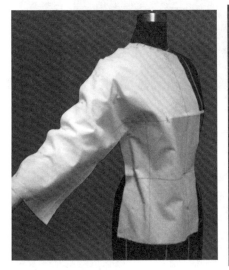

图6-3-9

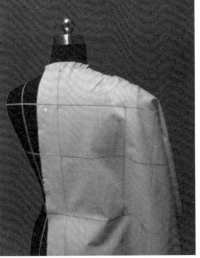

图6-3-10

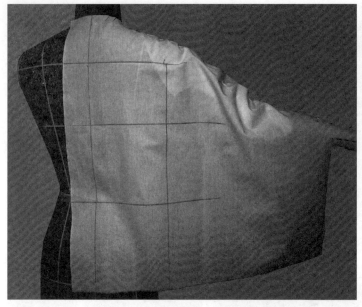

图6-3-11

图6-3-12

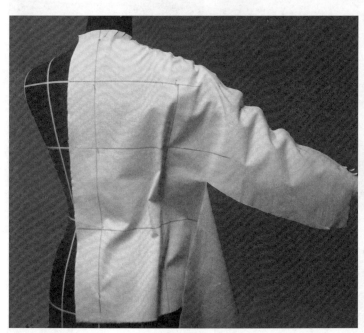

图6-3-13

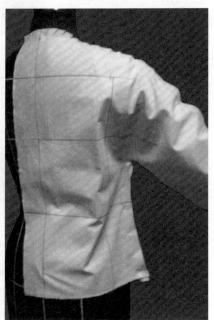

图6-3-14

图6-3-11：将布手臂抬起高度与作前袖身时抬起的高度相同（宽松风格时）或略高（较宽松、较贴体风格）。

图6-3-12：在前袖中缝处将后袖布固定，并前袖中缝形状作出后袖缝造型线。

图6-3-13、图6-3-14：将布手臂抬起，在袖身下作剪切口，作出后衣身松量，将后袖底缝及后衣身与前袖缝及前衣身固定，并作出造型线。

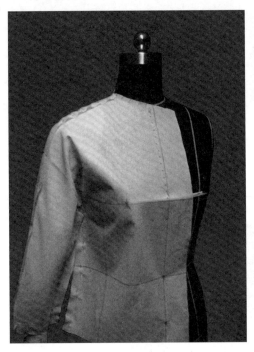

图6-3-15

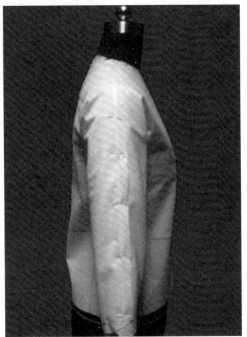

图6-3-16

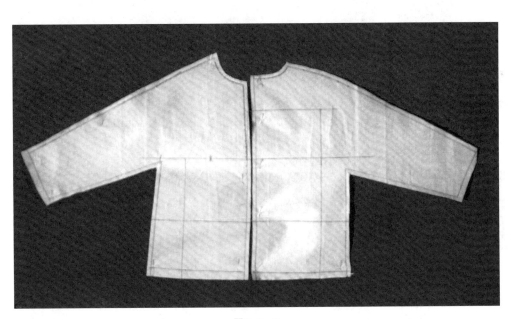

图6-3-17

图6-3-15、图6-3-16：最后成型的连袖，
侧部造型。

图6-3-17：取下连袖、烫平，修剪展平的
连袖前后衣身。

6.4 方形袖窿抽褶连袖

造型见图6-4-1~图6-4-3。

款式分析:

袖身廓形:方形袖窿、袖山、袖身上抽褶的连袖。

结构要素:方形袖窿,袖身上抽褶,一片袖结构。

腰围线以下曲面处理量:

前片——转入省道或分割线内;

后片——转入分割线;

袖窿造型——作成底部成方形,上部套进肩部≤5cm;

袖身造型——袖山上段作抽褶,整体作成直身形的一片袖结构。

操作步骤:

图6-4-4:作出衣身,并贴上方形袖窿标志线。

图6-4-5:剪去多余量,作出方形袖窿。

图6-4-6:将布手臂装于衣身。

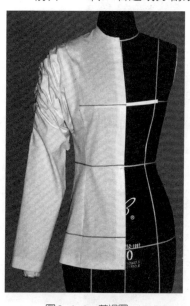

图6-4-1 前视图

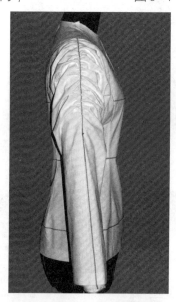

图6-4-2 侧视图

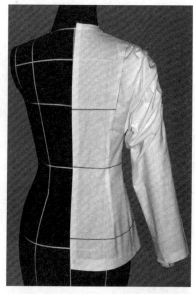

图6-4-3 背视图

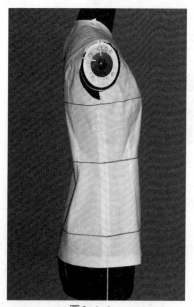

图6-4-4

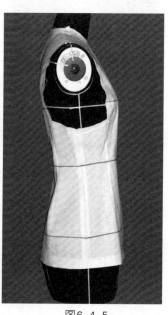

图6-4-5

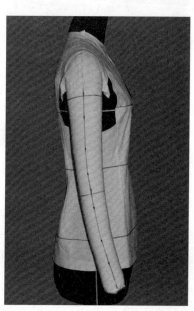

图6-4-6

图6-4-7：取 长 = 袖 长+30cm、宽 = 0.4B+20cm的直料坯布，并在中线处抽缩。

图6-4-8：将抽缩后的坯布的中线固定于前手臂中线处。

图6-4-9：将布手臂上抬60°（人体手臂上抬时不影响衣身时的角度设计）将袖坯布捋平后固定于衣身。

图6-4-10：后面的袖坯布亦如前袖固定后修去多余量。

图6-4-11：将布手臂抬起，用大头针固定作出袖身的宽度大小，注意前后袖身要平整。

图6-4-12：剪去袖身宽度外多余量。

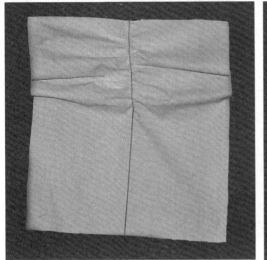

图6-4-7

图6-4-8

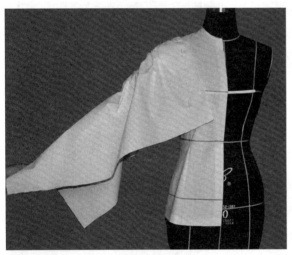

图6-4-9

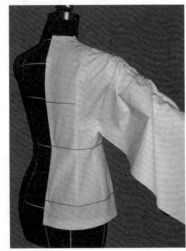

图6-4-10

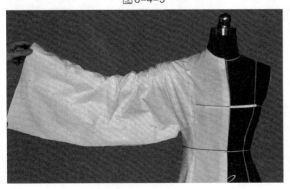

图6-4-11

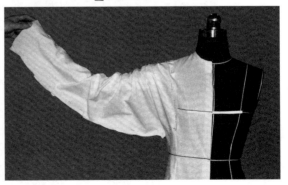

图6-4-12

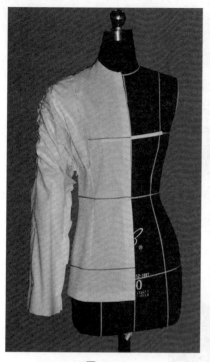

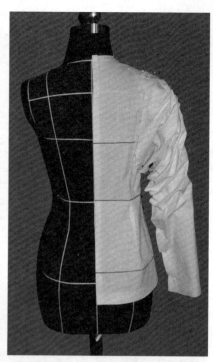

图6-4-13　　　　　　　　　图6-4-14　　　　　　　　　图6-4-15

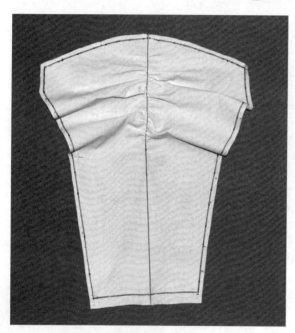
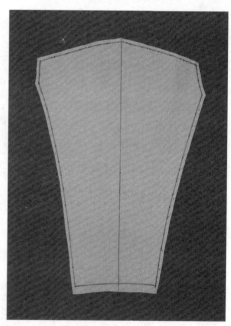

图6-4-16　　　　　　　　　　　　图6-4-17

　　图6-4-13~图6-4-15：将布手臂垂下观察
袖身前、后、侧造型图。
　　图6-4-16：取下展平的袖褶后的袖身。
　　图6-4-17：将袖褶烫平、整理平整的袖身布样。

6.5　垂褶袖

造型如图6-5-1、图6-5-2。

款式分析：

袖身廓形：袖身上作垂褶的短袖。

结构要素：圆袖结构上增加垂褶。

袖窿造型——基础圆袖袖窿略弯向肩部。

袖身造型——袖身上作5个褶裥（每个褶裥量3~5cm）形成自然的垂褶。

操作步骤：

图6-5-3：在布手臂上作好贴体的直身袖作为固定垂褶袖的基础。

图6-5-4：在基础袖身上用标志线作出袖山、袖口造型。

图6-5-5：取长＝袖长＋垂褶量＋余量的正方形坯布，在其45°斜部位上作中线，并将坯布中线与布手臂中线覆合后固定。

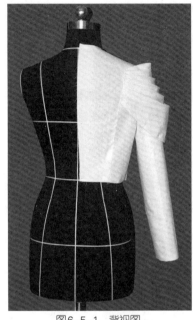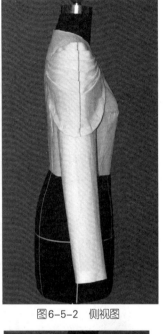

图6-5-1　背视图　　　　　　图6-5-2　侧视图

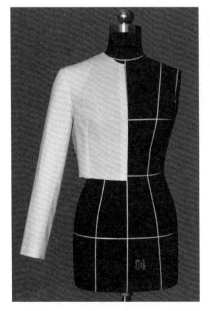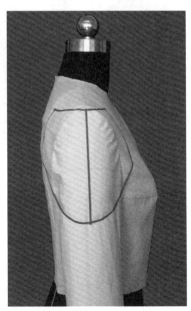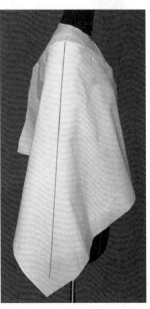

图6-5-3　　　　　　　　图6-5-4　　　　　　　　图6-5-5

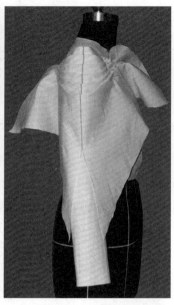
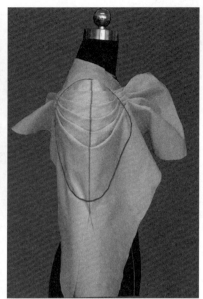

图6-5-6 　　　　　　　　　图6-5-7 　　　　　　　　　图6-5-8

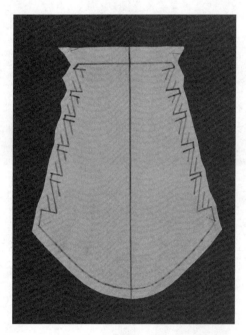
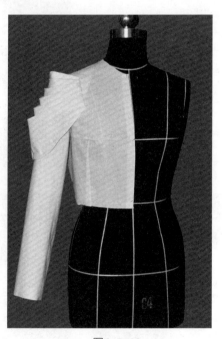

图6-5-9 　　　　　　　　　　　图6-5-10

　　图6-5-6：在袖上上按造型要求作垂褶、在前后衣身上固定。

　　图6-5-7：将袖坯布袖中线下端剪开，以便确定袖宽。

　　图6-5-8：用标志线作出垂褶袖外轮廓造型。

　　图6-5-9：将袖布样取下烫平、修正后画出各垂褶、褶裥的部位。

　　图6-5-10：将修正后的垂褶袖安装于布手臂上，观察最终的效果。

6.6　袖山、袖口部位抽褶圆袖

造型如图6-6-1~图6-6-3。

款式分析：

袖身廓形：上段为气球状蓬松袖身，下段为常规直身袖。

结构要素：基础圆袖山，蓬松状造型的立体构成。

袖窿造型——常规的基础袖窿。

袖身造型——袖身上段增加气球状蓬松造型。

操作步骤：

图6-6-4：在布手臂上作好基础的圆袖（袖身风格一般为贴体型）。

图6-6-5：在袖山上用大头针作出褶裥，前后各四个，褶裥量逐个成山，并在袖中线处固定作出袖身蓬松量。

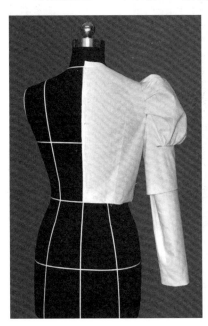

图6-6-1　正视图

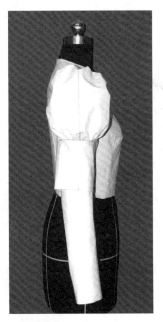

图6-6-2　侧视图

图6-6-3　背视图

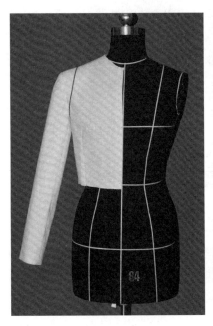

图6-6-4

图6-6-5

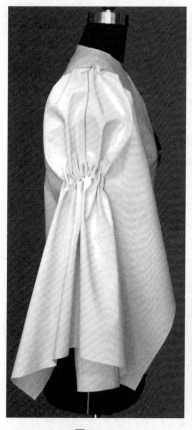
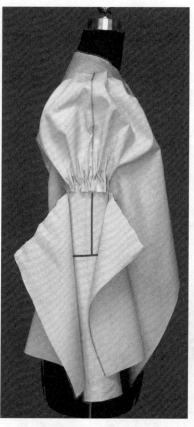
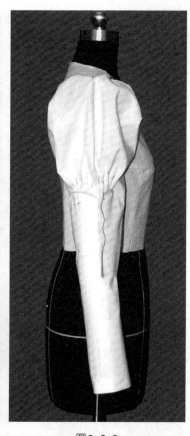

图6-6-6 图6-6-7 图6-6-8

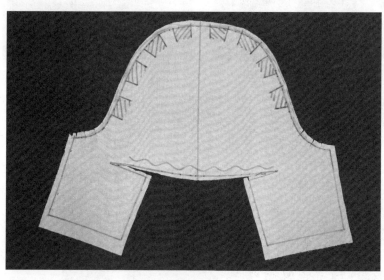

图6-6-9

图6-6-6：在袖口处用大头针别出抽细褶的褶量。

图6-6-7：在袖口按水平略上倾斜的形状作出袖口标志线，并在袖中线处剪出袖口省。

图6-6-8：将袖口省下侧的布料在袖中线处重合，修剪多余量。

图6-6-9：将布样展平、整烫、修剪后，完成的布样。

6.7 袖山、袖口、抽褶中袖

造型如图6-7-1、图6-7-2。

款式分析:

袖身廓形:与前袖同一类型,程度有差异。

结构要素:与前袖同,只是蓬松量有差别。

操作步骤:

图6-7-3:在布手臂上作好贴体的直身袖,作为固定垂褶袖的基础。

图6-7-4:取长＝袖长＋抽褶量＋余量,宽＝0.4B+20cm的直料坯布,画出中线后与布手臂覆合一致。

图6-7-1 正视图

图6-7-2 背视图

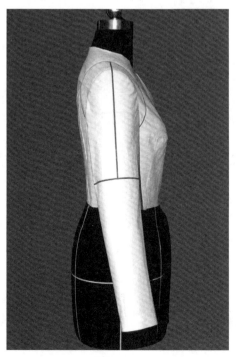

图6-7-3

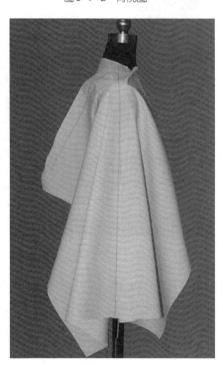

图6-7-4

图6-7-5

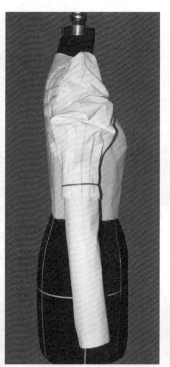

图6-7-6

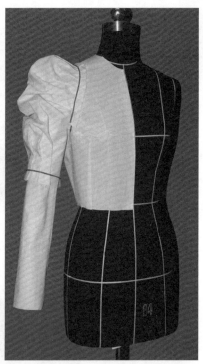

图6-7-7

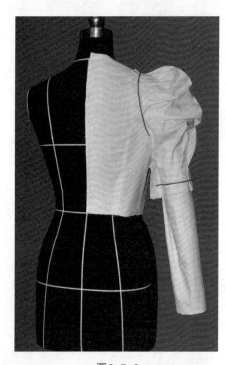

图6-7-8

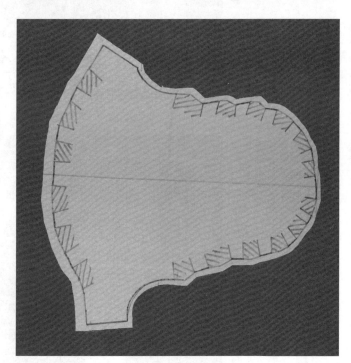

图6-7-9

图6-7-5：在袖山部位上逐步推出抽褶量，在袖口上亦作出缩缝量。

图6-7-6：在袖口上作出袖口标志线。

图6-7-7：理顺袖山抽褶造型后在袖山上作出袖中标志线。

图6-7-8：作出袖山造型线的后袖。

图6-7-9：将袖布样取下、展平、修正画出袖山、袖口褶裥量。

6.8 灯笼袖

造型如图6-8-1、图6-8-2、图6-8-3。

款式分析：

袖身廓形：蓬松程度很大的抽褶袖。

结构要素：抽褶部位，抽褶量。

袖窿造型——较基础袖窿开低5cm左右；

袖身造型——袖山、袖中心都抽较多的褶量，袖口亦少量抽褶，袖山内装填较多填充料。

操作步骤：

图6-8-4：取 长 = 袖 长30cm、宽 = 0.4B+30cm的直料坯布，画出中线后与布手臂覆合一致。

图6-8-5：在袖山线下（距SP点20cm左右）将坯布折成细褶。

图6-8-6：将袖口部位坯布折成褶裥，收成小袖口。

图6-8-1 正视图

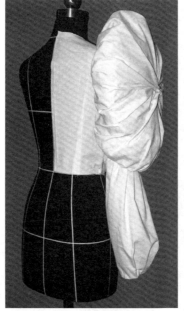

图6-8-2 背视图

图6-8-3 侧视图

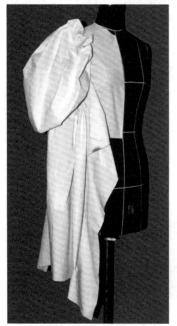

图6-8-4

图6-8-5

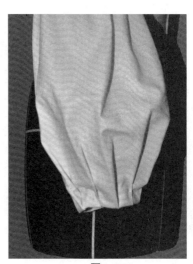

图6-8-6

图6-8-7：将袖山部位坯布折成细裥,同时固定在衣身边作出袖山的蓬松造型（为使蓬松造型能定型,可在袖山部位装有弹力的网纱）。

图6-8-8：观察侧面的袖山造型,调整袖山造型的体积和形状。

图6-8-9：在后袖山处作褶裥,作出后袖山蓬松造型。

图6-8-10：调整袖山下面的褶裥造型。

图6-8-11：调整前袖山部位的褶裥形状。

图6-8-12：调整后袖山部位的褶裥形状。

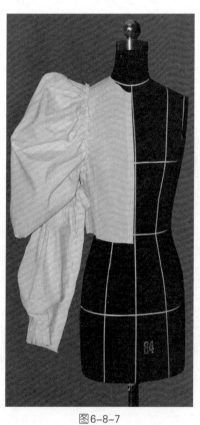

图6-8-7

图6-8-8

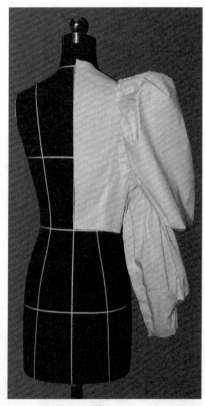

图6-8-9

图6-8-10

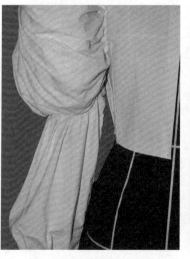

图6-8-11

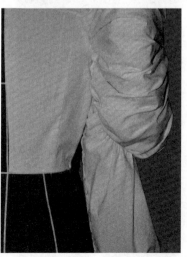

图6-8-12

6.9 袖身作垂褶及褶裥的短袖

造型如图6-9-1、图6-9-2。

款式分析：

袖身廓形：袖身上作三个垂褶量大的垂褶袖。

结构要素：垂褶部分，垂褶量。

袖窿造型——与圆装袖袖窿相同；

袖山造型——袖山上作三个褶裥，每个褶裥量为3~4cm，袖山侧部形成三个垂褶，每个垂褶量4~6cm。

操作步骤：

图6-9-3：取45°正斜料，长＝袖长＋30cm、宽＝长的正方形布样，在正中画出对称中线，并与人台手臂中线覆合一致。

图6-9-4：作出第一个垂褶，在前后衣身上作褶裥固定。

图6-9-5：作出第二个垂褶，在前后衣身上作褶裥固定。

图6-9-1 侧视图

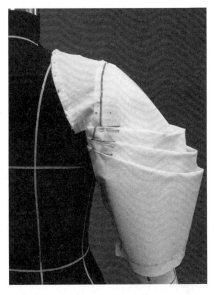

图6-9-2 背视图

图6-9-3

图6-9-4

图6-9-5

图6-9-6

图6-9-7

图6-9-6：按相同方法作出第三个垂褶，并最后调整好三个垂褶的褶裥固定位置和褶裥量。

图6-9-7：在前后袖山上作出光顺造型线。

图6-9-8：修去多余量，使袖山光顺。

图6-9-9：将前后袖底缝固定住，取得合适的袖肥。

图6-9-10：为作成的垂褶袖成型图。

图6-9-11：为取下布样烫平、修正，画顺褶裥，最后完成的布样平面图。

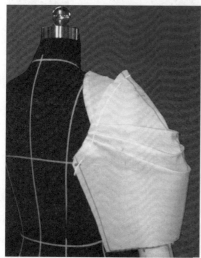

图6-9-8

图6-9-9

图6-9-10

图6-9-11

6.10 分割袖——插肩袖

造型如图6-10-1~图6-10-3。

款式分析：

袖身廓形：插肩式分割一片袖。

结构要素：插肩式分割。

腰围线以下曲面处理量：

前片——部分转入撇胸,部分放入分割线

中加以归拢；

后片——部分转入肩缝缝缩,部分放入分割线中加以归拢；

袖窿造型——在圆袖袖窿中开深2~3cm左右。

操作步骤：

首先,在坯布上取长＝60cm、宽＝B/4＋10cm的矩形布样,按经向丝缕线用笔画出前中直线,纬向丝缕线用垂直于经向丝缕线的画法画出BL、WL纬向线,并留出5cm宽的叠门线。

图6-10-4：将布样覆合于人台,注意使布样经纬向丝缕线与人台经纬向标志线对准一致。

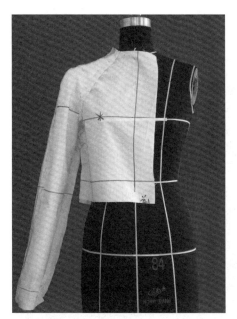

图6-10-1 正视图

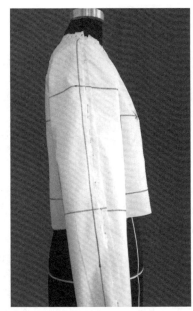

图6-10-2 侧视图

图6-10-3 背视图

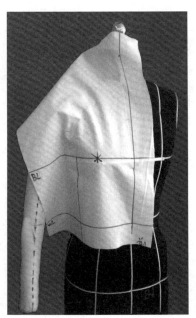

图6-10-4

图6-10-5：将前衣身浮余量一部分捋至前中线形成撇胸；另一部分置于肩胸部，以使缝制时用牵条固定加以归拢消除，最后按照造型覆上斜弧形分割标志线。（为使更清晰用点划线标出）

图6-10-6：覆上前领窝标志线，将前衣身整理平整后留2cm缝份，将多余布料剪去。然后，取与前片同样大小的矩形布样，画准经纬向线，后片纬向线比前片纬向线多一条背宽线（位于后领窝至BL的2/5处）。

图6-10-7：将后衣身布样与人台覆合一致后，将后浮余量赶至肩部，然后覆上斜弧形造型标志线。

图6-10-8：覆上后领窝标志线后，作剪切口，使领窝平服，留2cm的缝份后将领窝及分割线上多余布料剪去。

图6-10-9：将布手臂吊起，按胸围大小估计松量后用大头针固定，注意前后BL、WL线应对准。取长＝肩袖长＋15cm、宽＝袖肥＋15cm≈0.2B+20cm的矩

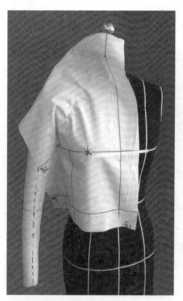

图6-10-5

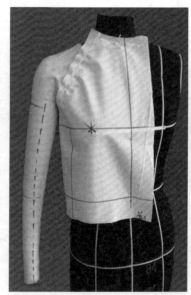

图6-10-6

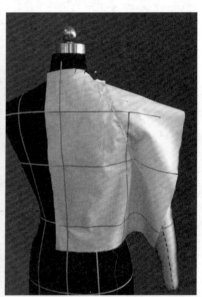

图6-10-7

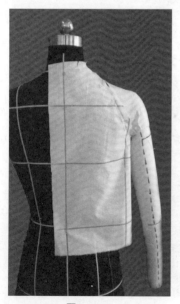

图6-10-8

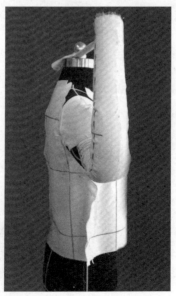

图6-10-9

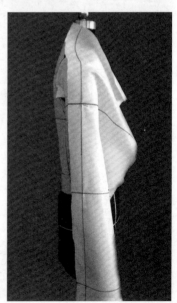

图6-10-10

形布样,画出袖中线、袖山线、袖肘线、袖山高线,按与手臂的臂山高一致或按较宽松风格设计取11~15cm。

图6-10-10:将袖身布样的袖中线、袖山线(当取不同手臂尺寸时,将其置于水平状)与布手臂覆合一致,肩缝处、袖山线以下部分处于自由状态。

图6-10-11:将布手臂抬起,按袖山风格决定抬起程度,以过SP点的水平线为基准线,袖中线与其夹角≤30°为较宽松风格,31°~45°为较贴体风格,≥46°为贴体风格,然后将肩袖部分捋平,用大头针固定肩缝

及袖山弧线上段。

图6-10-12:在平整的肩袖部分上覆袖山弧线标志线。

图6-10-13:在肩缝及袖中线处覆造型线,总体要求光顺自然。

图6-10-14:按造型标志线剪切袖山弧线及领窝。

图6-10-15:局部调整袖窿弧线、肩袖线,使肩袖部位平顺自然。取长宽与前袖身相同的布样,并在袖中线及袖山线上与布手臂覆合一致后固定。

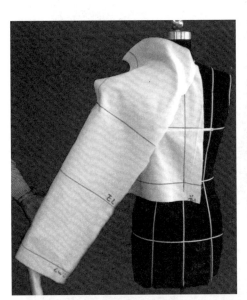

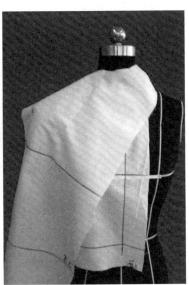

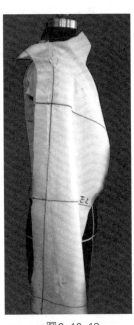

| 图6-10-11 | 图6-10-12 | 图6-10-13 |

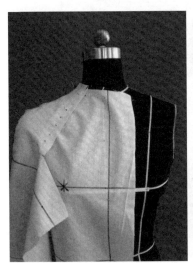

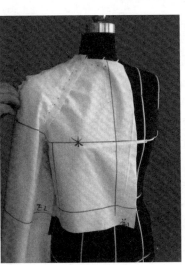

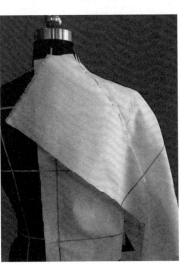

| 图6-10-14 | 图6-10-15 | 图6-10-16 |

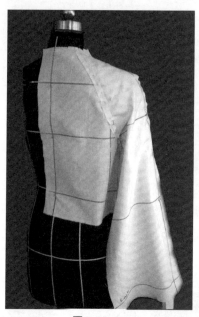

图6-10-17

图6-10-18

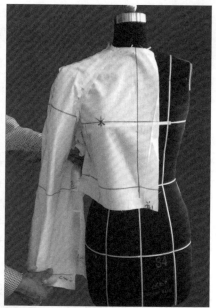

图6-10-19

图6-10-16：将布手臂抬起，较前述布手臂抬起与水平线夹角相等或略小。一般较宽松、宽松风格时两角相等，较贴体时小5°左右，贴体时小10°左右。然后固定袖山弧线，并覆上造型线。

图6-10-17：将布手臂放下后，后袖身部分呈现较多的松量以满足活动要求。

图6-10-18：在袖中线处放置平整后按前中线形状覆上造型线，注意光顺自然。

图6-10-19：将前后袖底部分整理平整后，前后袖衬线、袖口线对准后，用平行上的大头针固定，注意袖底缝与衣身侧缝对齐。

图6-10-20：调整袖肥及袖口部位形状大小后，剪去袖底缝处多余部分。

图6-10-21：仔细观察前后袖身衣身，调整部分大头针使其平整自然，造型效果符合设计要求。

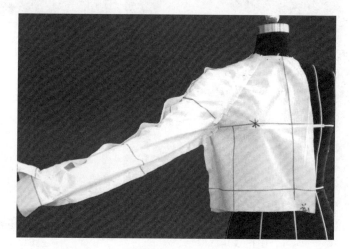

图6-10-20

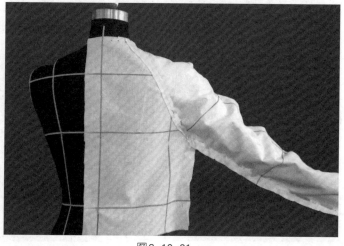

图6-10-21

第7章 变化造型衣身

7.1 扭曲造型

造型如图7-1-1。

款式分析：

衣身廓形：上半衣身成卡腰型。

结构要素：浮余量转入扭曲造型，扭曲造型的构成动作。

腰围线以上曲面处理量：

前片——转入扭曲造型。

胸围线以下曲面处理量：

前片——转入扭曲造型。

领窝造型——V字形领窝。

袖窿造型——无袖袖窿，深度19~21cm。

操作步骤：

图7-1-2：取长＝腰节长＋20cm、宽＝B/4＋15cm的坯布，画上纵横向布纹方向线，并覆合于人台。

图7-1-3：在前中心线上下做剪切口，剪切口

图7-1-1　正视图

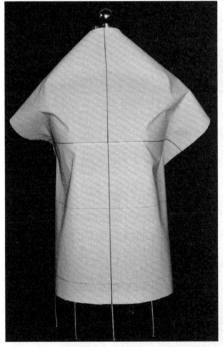

图7-1-2

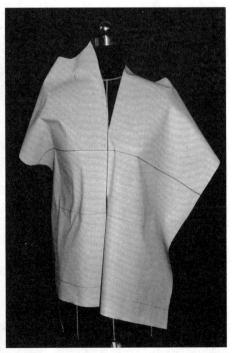

图7-1-3

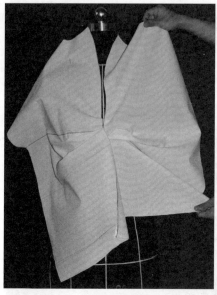

图7-1-4

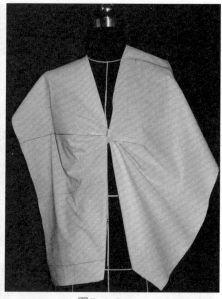

图7-1-5

距离约20cm，制作过程中视具体情况可再剪。

图7-1-4：将左部衣身扭曲、将方面扭转至正面。

图7-1-5：将扭曲的衣身整理斜形皱褶。将整理好的扭曲衣身用大头针固定于人台，扭曲的布结头约5~7cm宽。

图7-1-6：观察左右衣身的扭曲后产生的斜形皱褶是否一致且将领口折光。

图7-1-8：在布样上画标志线，标出衣身的袖窿、腰线，并剪去多余量。

图7-1-9：将布样取下，烫平整理成最终布样。

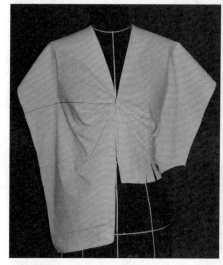

图7-1-6

图7-1-7

图7-1-8

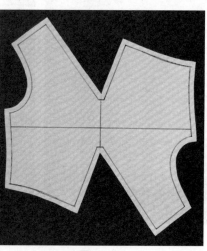

图7-1-9

7.2 斜形皱褶衣身

造型如图7-2-1。

款式分析：

衣身廓形：H形廓体。

结构要素：斜形皱褶的立体构成。

腰围线以上曲面处理量：

前片——用胸省形式消除；

后片——用背省形式消除。

胸围线以下曲面处理量：

后片——转入斜形皱褶内。

领窝造型——基础领窝开低3cm左右。

袖窿造型——无袖结构,袖窿深19~21cm。

操作步骤：

图7-2-2：取长＝衣长＋10cm、宽＝B/2＋10cm的矩形坯布。画上经向前中线,横向BL、WL,并与人台覆合一致。

图7-2-3：将左右前浮余量用袖窿省的形式将其消除。

图7-2-4：将前衣身左衣身向左下斜向扯拉,使之变形成第一个皱褶。

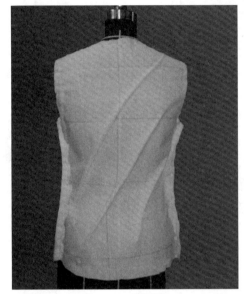

图7-2-1 背视图

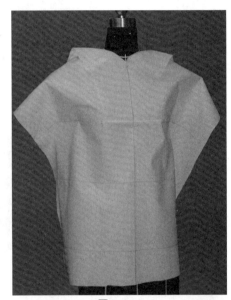

图7-2-2

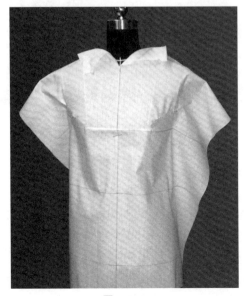

图7-2-3

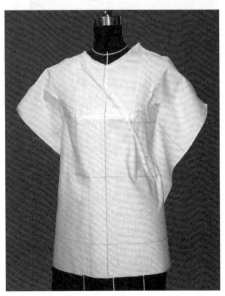

图7-2-4

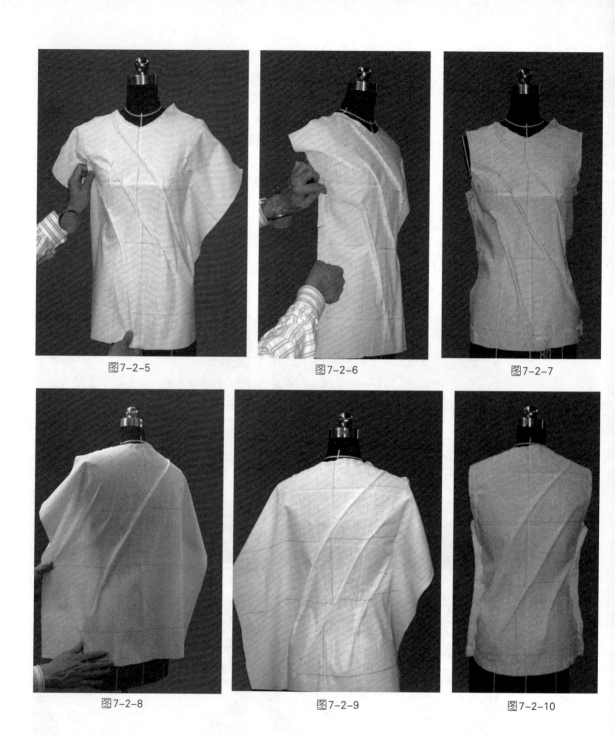

图7-2-5

图7-2-6

图7-2-7

图7-2-8

图7-2-9

图7-2-10

图7-2-5：将前衣身做斜向扯拉，使之变形成第二、第三个皱褶。

图7-2-6：在领窝、肩、侧缝底边作标志线，并剪去多余部分。

图7-2-7：最后完成的形成深皱褶的前衣身。

取与前衣身一样的矩形坯布，画上经向前中线，横向BL、WL并与人台覆合一致。

图7-2-8：将左侧衣身作斜向扯拉，使之变形形成第一个皱褶。

图7-2-9：按前述方法将后衣身作斜向扯拉变形形成第二、第三个皱褶。

图7-2-10：作出领高、侧缝、底边标志线，剪去多余部分，最后完成后衣身的造型。

7.3 人字形分割、折叠造型衣身

造型如图7-3-1。
款式分析：

衣身廓形：上半身成卡腰体。

结构要素：斜形折叠造型的立体构成，前浮余量转入斜形折叠造型。

腰围线以上曲面处理量：

前片——转入斜形折叠造型。

胸围线以下曲面处理量：

前片——转入斜形折叠造型。

领窝造型——基础领窝开大开深4~5cm。

袖窿造型——无袖袖窿深19~22cm。

操作步骤：

图7-3-2：取 长=衣 长+20cm、宽=B/2+30cm矩形布方向，画出径向前中线，横向BL、WL，且与人台覆合一致。

图7-3-3：在衣身左侧作褶裥造型线并按造型作斜向褶裥，方向量=3~4cm。

图7-3-4、图7-3-5：在衣身右侧作褶裥造型线，并按造型作出斜向褶裥，量与左侧相同。在与第一个褶裥相交处将其剪开以便第二褶裥折叠。

图7-3-1 正视图

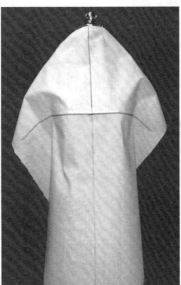

图7-3-2

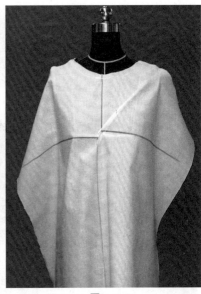

图7-3-3

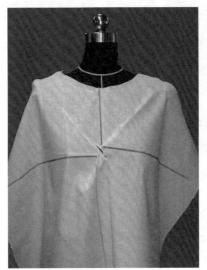

图7-3-4

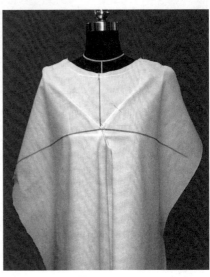

图7-3-5

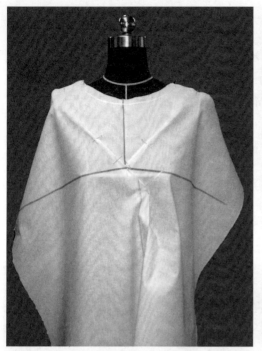

图7-3-6

图7-3-7

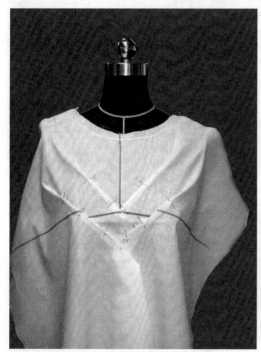

图7-3-8

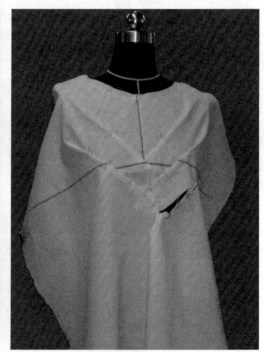

图7-3-9

图7-3-6、图7-3-7：在衣身左侧作褶裥造型线，并按造型作出斜向褶裥。

图7-3-8：与前述相同方法将右侧第二个褶裥作出。

图7-3-9：与前述相同方法将作左侧褶裥造型线并沿线剪出，以便折出第三个褶裥，前述褶裥亦应按剪开方法折出裥量。

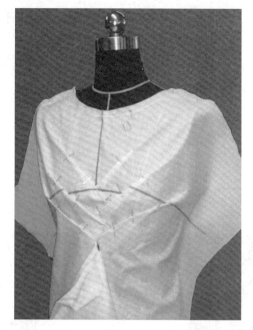
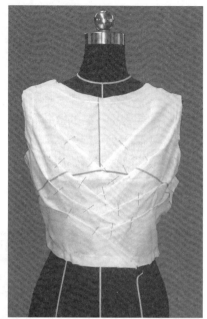

图7-3-10　　　　　　　　　　　图7-3-11

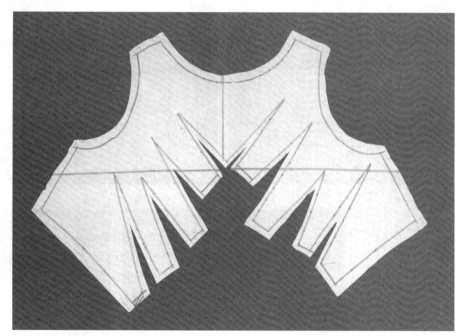

图7-3-12

图7-3-10：依次作出右侧第三个褶裥和左侧第四个褶裥。

图7-3-11：最后完成的人字形褶裥的前视图。

图7-3-12：将造型取下后，烫平修正，画顺的最后完成图。

7.4 低布结衣身

造型如图7-4-1。

款式分析：

衣身廓形：上半身卡腰廓体。

结构要素：布结的立体构成,前浮余量转入斜形皱褶。

腰围线以上曲面处理量：

前片——转入斜形皱褶。

胸围线以下曲面处理量：

前片——转入斜形皱褶。

领窝造型——基础领窝开大开宽。

袖窿造型——无袖袖窿深19~22cm。

操作步骤：

图7-4-2：取 长=衣长+20cm、宽=B/2+50cm的坯布,画上纵向前中线,横向BL、WL,并与人台覆合一致。

图7-4-3：将右侧布料折向左侧,试探用料及剪口的位置。

图7-4-4：将腰部作剪切口,侧缝剪去多余量。

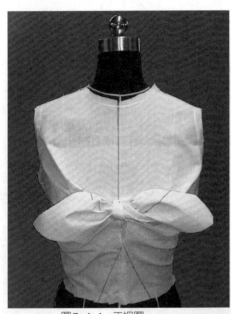

图7-4-1 正视图

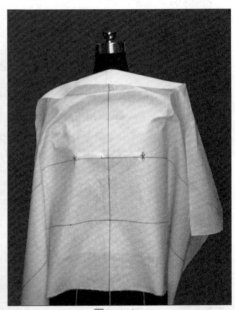

图7-4-2

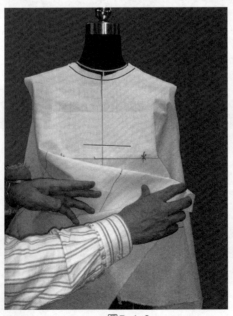

图7-4-3

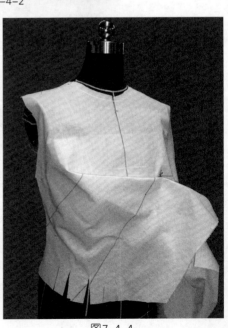

图7-4-4

图7-4-5：初步估计布结及腰中线剪切
止点的位置。

图7-4-6：按造型线剪切右侧布结及前
中线。

图7-4-7：整理右侧布结以下衣身，并
准备作出皱褶。

图7-4-8：作出右侧皱褶且用大头针
固定。

图7-4-9：最后作成的布结及皱褶造型
并按人台中线划准腰中线。

图7-4-10：在领口袖窿、侧缝、腰缝作
造型线，剪去多余量。

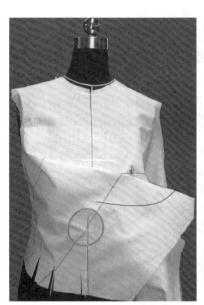

图7-4-5

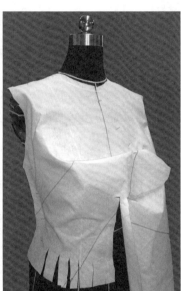

图7-4-6

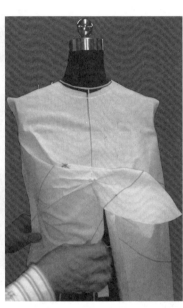

图7-4-7

图7-4-8

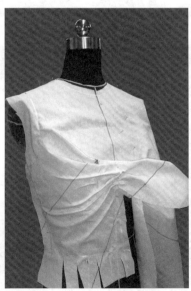

图7-4-9

图7-4-10

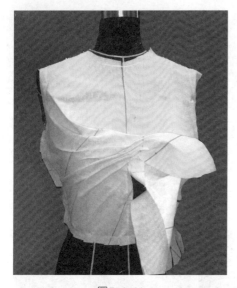

图7-4-11

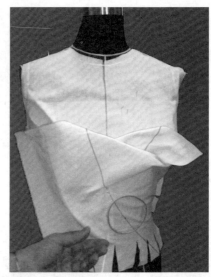

图7-4-12

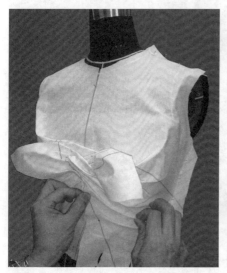

图7-4-13

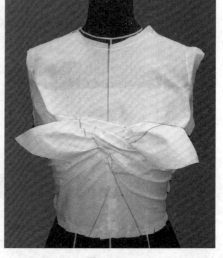

图7-4-14

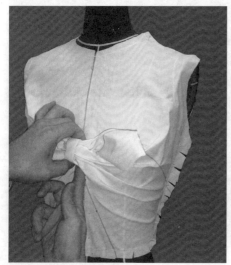

图7-4-15

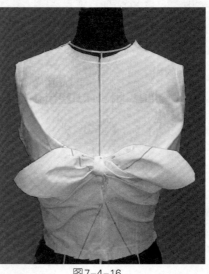

图7-4-16

图7-4-11、图7-4-12：按作右侧布结同样的方法作出左侧布结的初始造型。

图7-4-13：按与作右侧皱褶同样的方法作左侧皱褶。

图7-4-14：将左布结以下部分布料按人台中线放出缝份后剪去多余量并折叠覆盖于右侧。

图7-4-15：将左布结穿过右布结下的缺口，穿到右侧布结的上侧。

图7-4-16：整理左右布结，并用布带将其固定作成美观的布结。

7.5 布结领造型

造型如图7-5-1、图7-5-2。

款式分析：

衣身廓形：上半身成卡腰体，布结与连身立领成一体。

结构要素：布结的立体构成，前浮余量转入斜形皱褶。

腰围线以上曲面处理量：

前片——转入斜形皱褶。

胸围线以下曲面处理量：

前片——转入斜形皱褶。

领窝造型——基础领窝开深成直线状。

袖窿造型——无袖袖窿深19~22cm。

操作步骤：

取长＝衣长+10cm、宽＝B/4+15cm的坯布，画出纵向前中线，横向BL、WL，并覆于人台。将浮余量及腰部松量都捋至前中线形成放射性皱褶。

图7-5-3：取长＝领围/2+布结长（约35~40cm）的坯布（直料）作成后宽＝6cm、前宽＝12cm的布结领身。

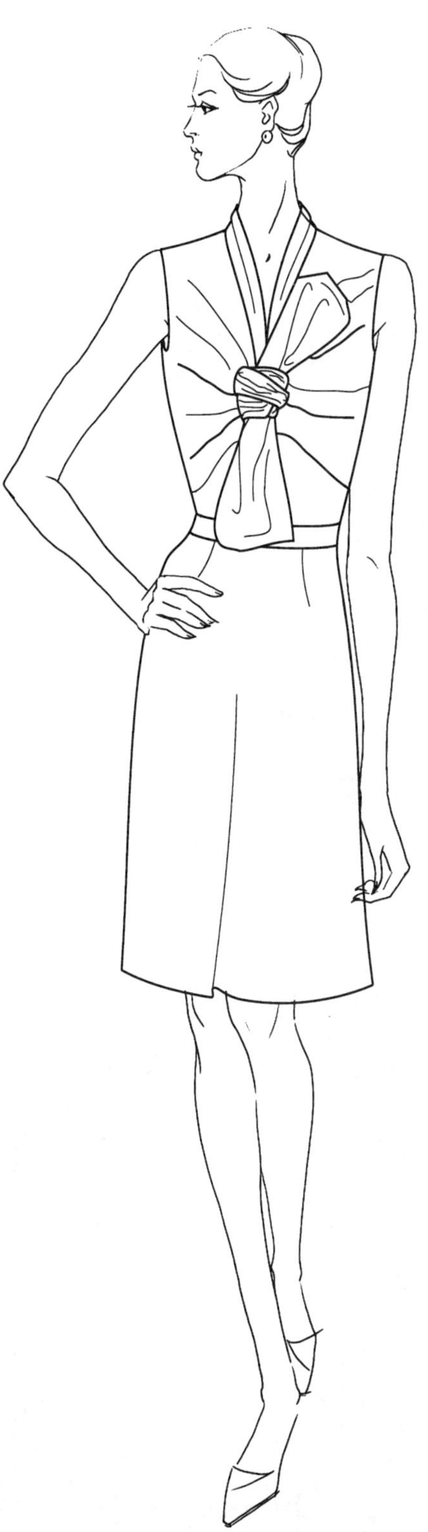

图7-5-1　正视图

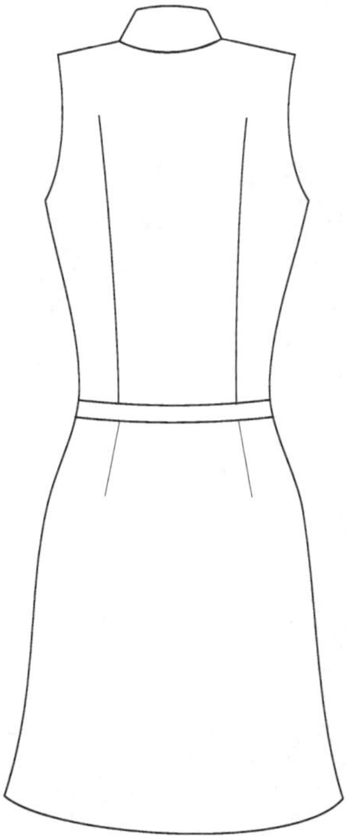

图7-5-2　背视图

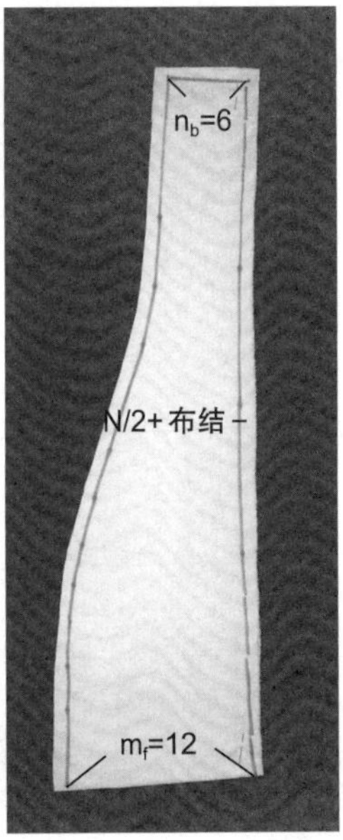

图7-5-3

图7-5-4：将左右布结领缝合并与里领缝合（装领部分不缝合）后装于领高，注意平整。

图7-5-5：将左右衣领都装于领高后置于成交叉形。

图7-5-6：将右领压于左领，从底部插

向正面，然后左领弯向上侧插向下侧，形成布结领，必要时要调整布结的布纹及上下布结领长度。

图7-5-7～图7-5-9：最后成型的布结领的正、侧、后部造型。

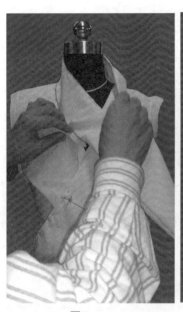
图7-5-4

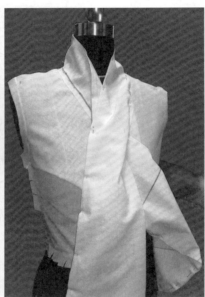
图7-5-5

图7-5-6

图7-5-7

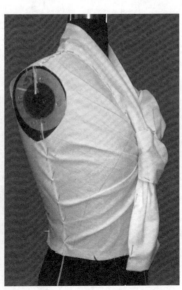
图7-5-8

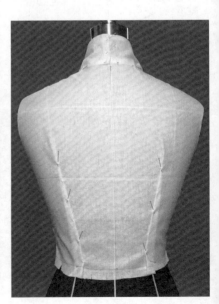
图7-5-9

7.6 交错分割造型

造型如图7-6-1、图7-6-2。

款式分析：

衣身廓形：成X形廓体。

结构要素：前浮余量，卡腰量转入交错分割，交错分割的立体构成。

腰围线以上曲面处理量：

前片——转入交错分割。

胸围线以下曲面处理量：

前片——转入交错分割。

领窝造型——基础领窝开低≤12cm成V字形，左右各开宽≤5cm。

袖窿造型——无袖袖窿深19~22cm。

图7-6-1　正视图

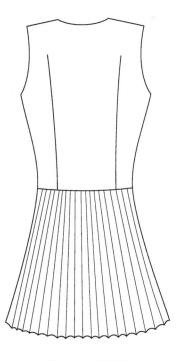

图7-6-2　背视图

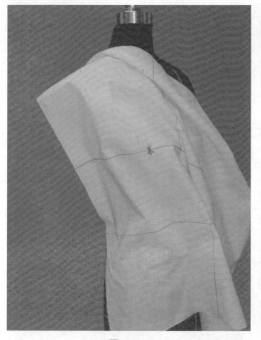

图7-6-3

图7-6-4

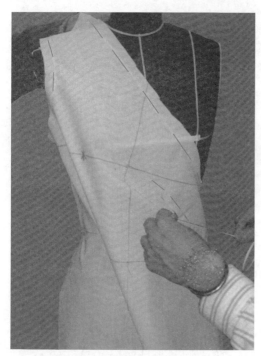

图7-6-5

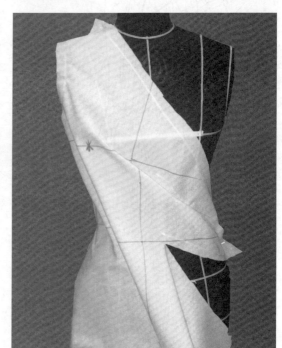

图7-6-6

操作步骤：

图7-6-3：取长＝衣长+15cm、宽＝B/2的坯布，画上纵向出前中线及围向BL、WL，并覆于人台。

图7-6-4：将侧缝固定完平整后，将左侧布料下拉形成交错分割的各分割之间必需的

空隙量，并作出上口斜形造型线。

图7-6-5：在坯布上作出第一个交错分割造型线。

图7-6-6：在第一个交错分割与第二个分割，第二个分割与第三个分割之间作剪切口。

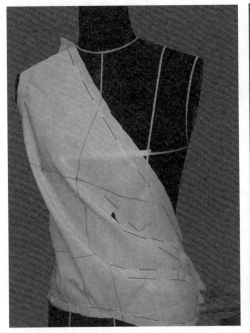

图7-6-7

图7-6-8

图7-6-9

图7-6-10

图7-6-11

图7-6-7：最后作成的右侧三个分割造型的坯布造型。

图7-6-8：将右侧布样取下烫平，修剪作成的最终布样，并按右侧覆制左侧布样。

图7-6-9：将左右交错分割，置于人台交错重叠。

图7-6-10：交错重叠形成的部位分割的过程。

图7-6-11：最后完成的交错分割外形图。

7.7 绣缀

图7-7-1、图7-7-2：用有规则的绣缀法作成编织形机理效果的绣缀造型。

图7-7-3、图7-7-4：用抽缩形式的绣缀法作成布花效果的绣缀造型。

图7-7-5：用有规则的绣缀法作成波浪形机理效果的绣缀造型。

图7-7-6：用抽缩法形式的绣缀法作成无规则皱摺的绣缀造型。

图7-7-7：用有规则的绣缀法作成三角形凸痕效果的绣缀造型。

图7-7-8~图7-7-12：其他方法作成的绣缀造型。

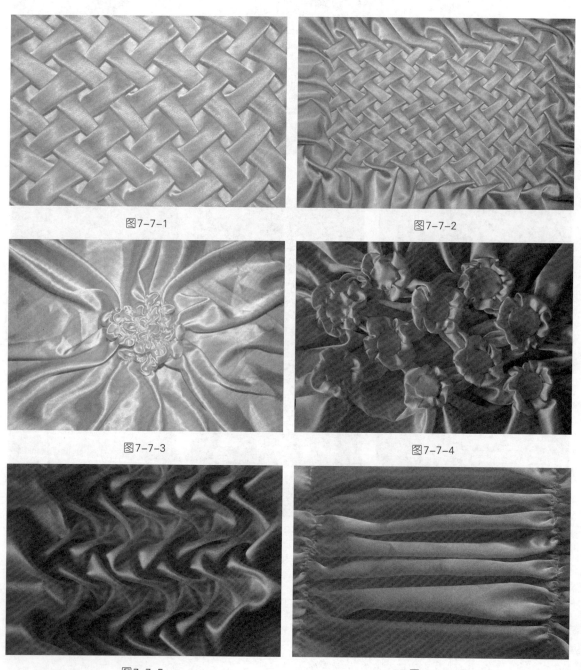

图7-7-1

图7-7-2

图7-7-3

图7-7-4

图7-7-5

图7-7-6

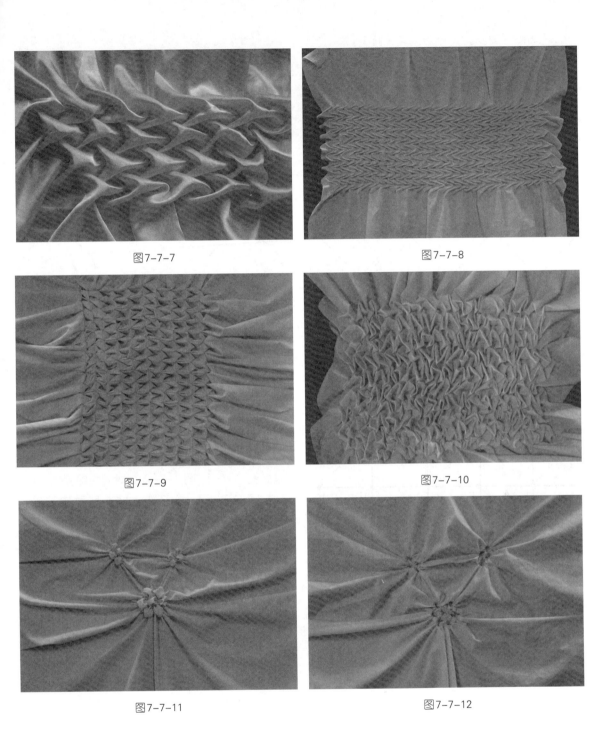

图7-7-7

图7-7-8

图7-7-9

图7-7-10

图7-7-11

图7-7-12

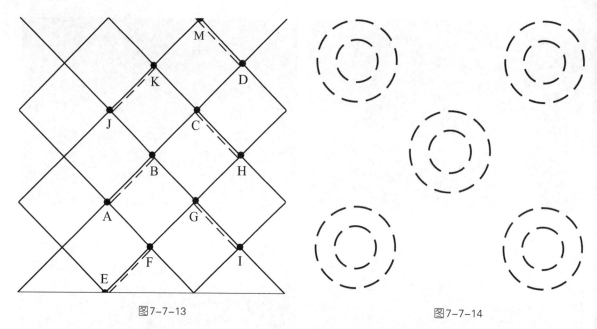

图7-7-13

图7-7-14

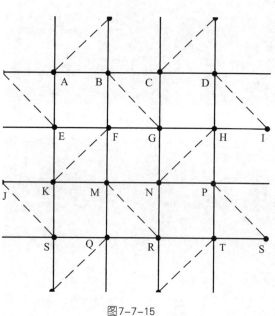

图7-7-15

图7-7-13：在坯布上画若干正方形图形，连接相邻的节点AB、CH、GI、EF、JK、MD，形成如图7-7-1、图7-7-2类型的绣缀图。

图7-7-14：在坯布上按造型画若干圆弧形图案，图形直径与造型要求的直径同。绣缀后拉成的图形如图7-7-3、图7-7-4。

图7-7-15：在坯布上画若干正方形，用绣线连接相关的节点，再将绣线拉紧便会形成如图7-7-5中的波浪形图案。

7.8　垂褶领衣身

造型如图7-8-1、图7-8-2。

款式分析：

衣身廓形：上半身成卡腰廓体。

结构要素：垂褶量的形成，垂褶的左右
对称。

腰围线以上曲面处理量：

前片——转入垂褶量。

胸围线以下曲面处理量：

前片——转入垂褶量。

领窝造型——按贯头型领窝设计须总弧
长≥56cm。

袖窿造型——按无袖袖窿深为19~22cm。

图7-8-1　正视图

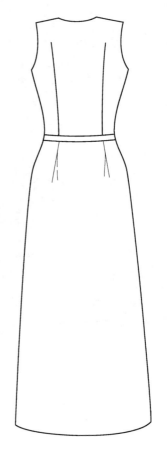

图7-8-2　背视图

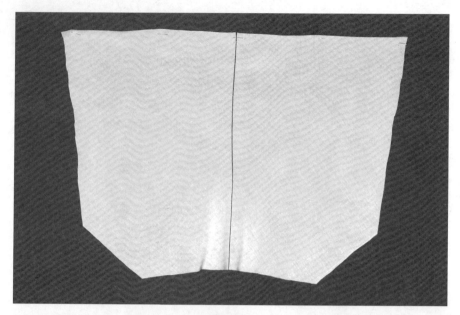

图7-8-3

图7-8-4

图7-8-5

操作步骤：

图7-8-3：取45°正斜料坯布，量取长＝前腰节+15cm（垂褶量与余量），宽＝B/2+10cm，画出中线。

图7-8-4：坯布中心对准人台前中线后，将右侧的坯布按垂褶形状拉至肩部。

图7-8-5：将左侧的坯布按垂褶形状拉至肩部，使坯布中线对准人台前中线，以保证衣身的平衡。

图7-8-6

图7-8-7

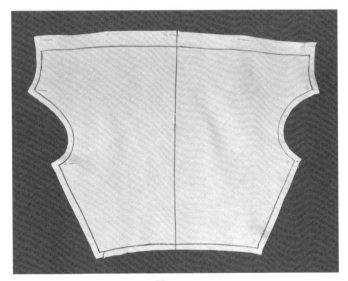

图7-8-9

图7-8-8

图7-8-6：将坯布腰部固定,将腰部余量拉至肩部,在肩部将垂褶上方的丝缕向上提拉,形成自然的垂褶。

图7-8-7：左右两侧的垂褶要对称,要始终保证垂线对准人台前中线。

图7-8-8：将腰部、肩部、侧缝整理平整,贴上标志线后剪去多余留余量部分。

图7-8-9：将布料取下,烫平、画顺、修剪作成准确的对称布料。

7.9 垂褶袖衣身

造型如图7-9-1、图7-9-2。

款式分析：

衣身廓形：X形廓体。

结构要素：垂褶的立体构成，下半身皱褶造型的合体性。

腰围线以上曲面处理量：

前片——转入袖部垂褶；

后片——转入袖部垂褶。

胸围线以下曲面处理量：

前片——转入袖部垂褶；

后片——转入袖部垂褶。

领窝造型——大开口贯头型，总弧长≥56cm。

袖窿造型——垂褶的上口至肩点为22cm左右。

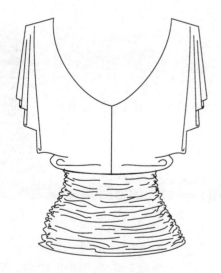

图7-9-2　背视图

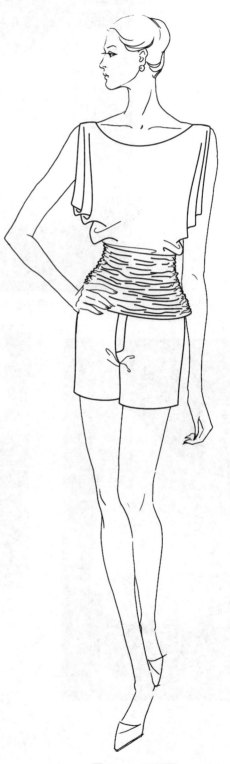

图7-9-1　正视图

操作步骤：

图7-9-3：取45°正斜坯布，长＝腰节量（41cm）＋余量＝60cm，画出中线，然后覆合于人台，要求中线于人台侧缝线对准。

图7-9-4：做垂褶将垂褶上方的布料向上提拉，并使前后的垂褶及向上提拉的量一致。坯布侧线于人台侧缝线始终对齐。

图7-9-5：将腰部做剪切口至WL，使之平整，然后将布料向领口方向捋平。

图7-9-6：整理前后肩线，并整理垂褶，使之自然贴上标志线。

图7-9-3

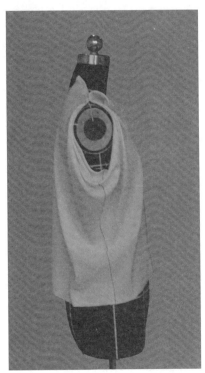

图7-9-4

图7-9-5

图7-9-6

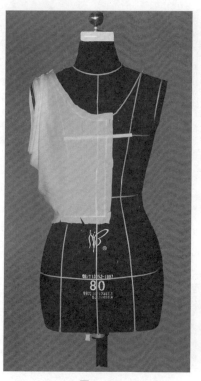

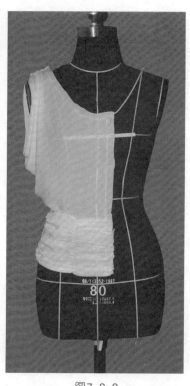

图7-9-7：按标志线留下2cm缝份后剪去余量。

图7-9-8：取长＝30cm、宽＝H/2＋5cm的横斜坯布，覆合于人台，要求布料经向位于人体的围向，做自由形态的折裥。

图7-9-9：后部的折裥亦要理顺成自然状，并在领口后中线、腰部贴上标志线。

图7-9-10：最后在人台上作成的整体造型的侧视图，要求垂褶自然，折裥舒展。

图7-9-11：将布样取下烫平、整理、修剪，完成的布样如图。

图7-9-7　　　　　　　　图7-9-8

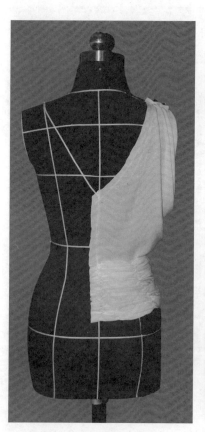

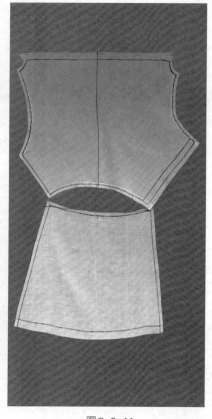

图7-9-9　　　　　　　图7-9-10　　　　　　　图7-9-11

7.10 连身立领卡腰衣身

造型如图7-10-1、图7-10-2。

款式分析：

衣身廓形：X形廓体。

结构要素：前浮余量转入领部省道。

腰围线以上曲面处理量：

前片——转入领口省；

后片——转入腰省。

胸围线以下曲面处理量：

前片——转入腰省；

后片——转入腰省。

领窝造型——基础领窝。

袖窿造型——常规圆袖袖窿。

图7-10-1　正视图

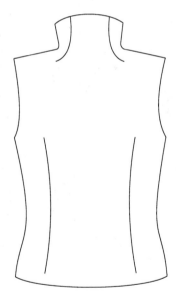

图7-10-2　背视图

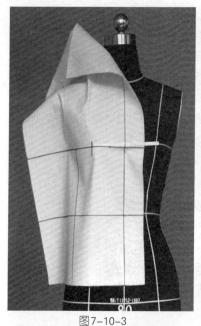
图7-10-3

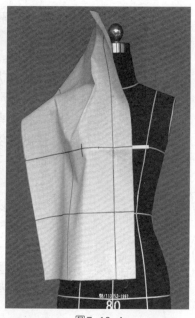
图7-10-4

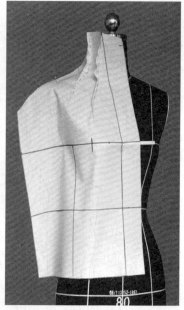
图7-10-5

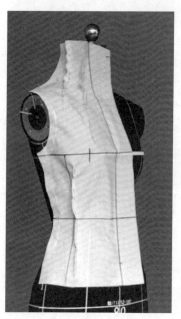
图7-10-6

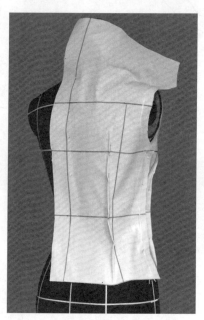
图7-10-7

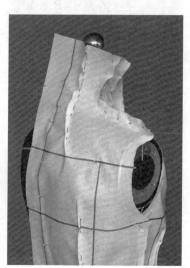
图7-10-8

图7-10-3：取长＝衣长+20cm、宽＝B/4+10cm的坯布，BL以上要放出连身领身长（15cm），画出前中线,BL、WL后与人台覆合一致。

图7-10-4：将前浮余量集中于领口省部位。

图7-10-5：将集中于领口省的前浮余量分散到2个领口省中,用大头针固定后将缝份剪开。

图7-10-6：将腰部收省,作出衣身卡腰造型。

图7-10-7：取坯布长＝衣长+10cm,宽＝B/4+10cm,画出后中线、BL、WL、HL背宽线后与人台覆合一致。

图7-10-8：将后浮转入后领口省处,用大头针固定后剪开缝份,并将前后肩缝固定,肩缝要作成外倾形。

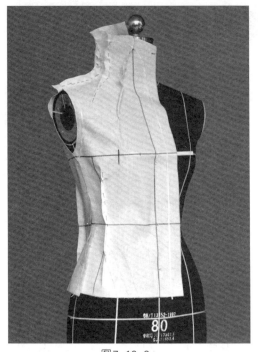

图7-10-9

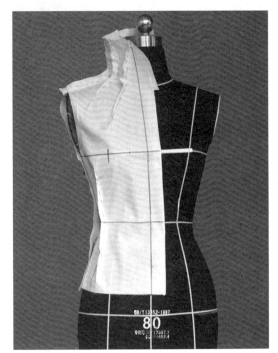

图7-10-10

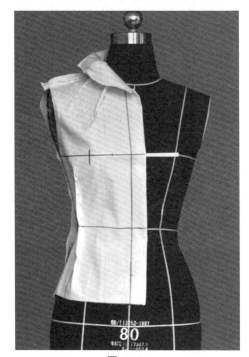

图7-10-11

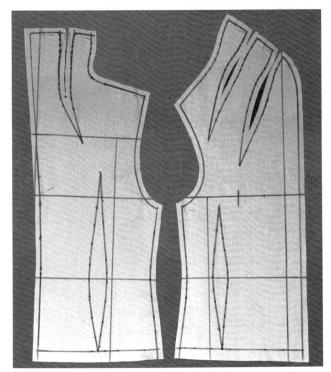

图7-10-12

图7-10-9：调整前后领口省,使之完全覆合造型要求。

图7-10-10：贴出领上口造型线、剪去除缝份外多余量。

图7-10-11：将衣身向外翻出,观察其外型是否达到外倾的规定要求。

图7-10-12：将布样取下烫平,修正画顺后最后完成的布样平面图。

第八章　创意型成衣

8.1　翻身立领连袖短上装

造型如图8-1-1、图8-1-2。

款式分析：

衣身廓形：H形稍有卡腰。

结构要素：连身立领的立体构成，插角连袖弯曲袖身大袖口的立体构成。

腰围线以上曲面处理量：

前片——转入领口省；

后片——转入侧缝。

胸围线以下曲面处理量：

前片——转入领口省；

后片——转入侧省。

领窝造型——基础领窝开大2cm。

袖窿造型——按圆袖袖窿深开低3cm设计。

操作步骤：

首先，取长＝衣长＋20cm、宽＝B＋袖长的矩形布样，画出经向前中线，侧面经向丝缕线，横向BL、WL及BP，将其与人台覆合一致。

图8-1-1　正视图

图8-1-2　背视图

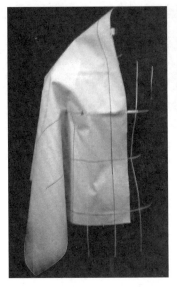

图8-1-3

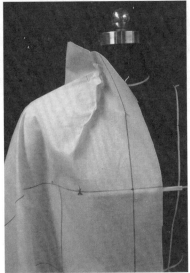

图8-1-4

图8-1-3、图8-1-4：将前浮余量分两部分捋至领口作成不对准BP成放射状的两个领口省。

图8-1-5：将领口省剪开，调整大头针，剪开绷紧的缝份，使之平整自然。

图8-1-6：将布手臂抬至连袖风格的上举位置，本款式为较贴体风格，故可抬至与水平线成45°的位置上，按人台肩缝顺势而且用标志线画顺肩袖中线，然后按款式造型用标志线定出袖底线及侧缝线。

图8-1-7：将前衣身及袖身固定于人台及布手臂上，观察整体的造型及衣身的抬量是否需要调整。

图8-1-8：取长宽与前衣身布样相同的 矩形布样，画出经向背中线，侧面经向丝缕线以及横向的背宽线、BL、WL，与人台覆合一致。

图8-1-9：将后衣身浮余量捋至后领口处用省道加以消除，注意省道要剪开，缝份要作剪口以免牵紧。

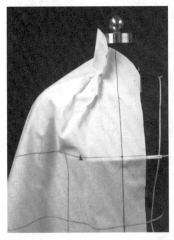

图8-1-5

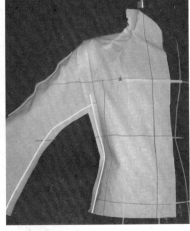

图8-1-6

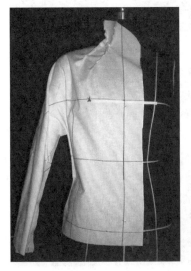

图8-1-7

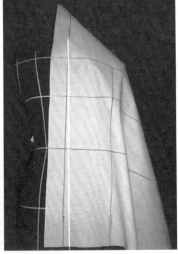

图8-1-8

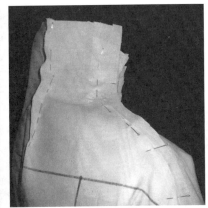

图8-1-9

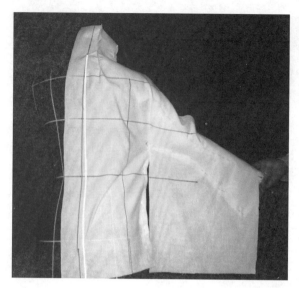

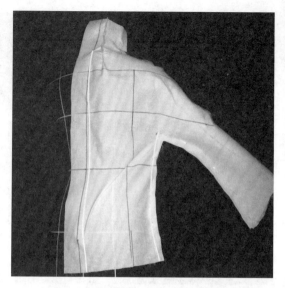

图8-1-10

图8-1-11

图8-1-10：将布手臂抬至前袖身的45°－5°＝40°的位置上,固定袖身的中线于布手臂上,确定后衣身胸围大小及袖肥,将侧缝剪开。

图8-1-11：将后衣身袖身与前衣身袖身固定后,按与前衣身的侧缝、袖底缝形状剪切后衣身侧缝袖底缝。

图8-1-12：将袖底缝与侧缝的交点处剪开,然后将布手臂上抬至成水平状,边上抬边剪切,一般剪口剪至BL附近（最多不超过BL上3cm）,以保证袖身下垂时能将剪口线盖住。最后将袖底缝与侧缝在袖身成水平状时修剪自然。

如图8-1-13所示,取经向坯布,剪成三角状（两边为直线,一边为圆弧状）或将前后三角状插角合并为菱形,如图8-1-14所示,作为袖底插角。两直边的长度应与袖底、侧缝的剪口一样,弧形边

图8-1-12

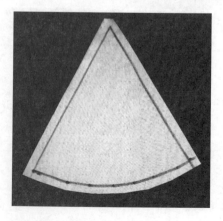

图8-1-13

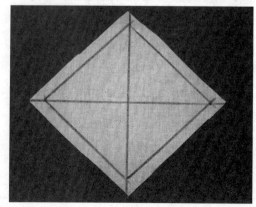

图8-1-14

的长度应视造型需要,一般应大于布手臂上抬45°时袖底、侧缝缺口量(15cm左右),小于布手臂上抬至水平时袖底、侧缝的缺口量。

图8-1-15、图8-1-16:在袖中线,前后袖口中线处分割剪开,安装三角形装饰,三角形装饰大小视造型而定。

图8-1-17、图8-1-18:在立领上口及前后衣身底边按款式作造型线,留下5cm宽门襟底边的包边宽。

图8-1-19:将布样取下后,烫平修剪而成的平面纸样,从中可以看出由于前浮余量在领口省处消除,故该结构为箱形结构。

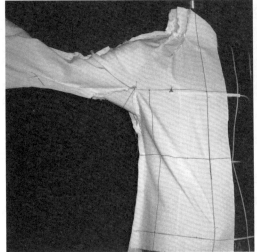

图8-1-15

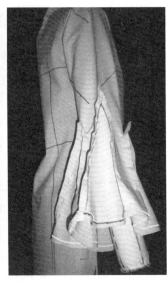

图8-1-16

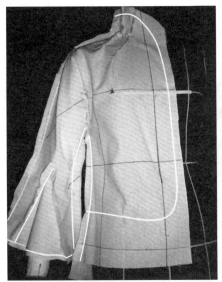

图8-1-17

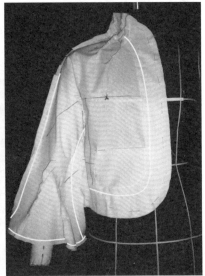

图8-1-18

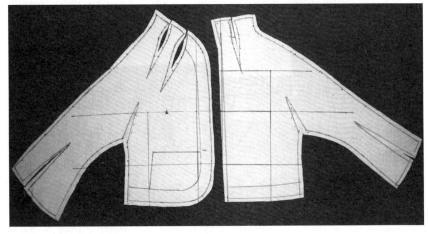

图8-1-19

8.2 波浪领、分割袖、波浪下摆长外衣

造型如图8-2-1、图8-2-2。

款式分析：

衣身廓形：较长曲线X形廓体。

结构要素：波浪领，分割式弯身圆袖，大波浪衣摆。

腰围线以上曲面处理量：

前片——转入前Y形胸省；

后片——后背肩省及弧形分割。

胸围线以下曲面处理量：

前片——前胸腰省；

后片——后背分割。

领窝造型——基础领窝开深成V字形。

袖窿造型——按圆袖袖窿开深≤2cm。

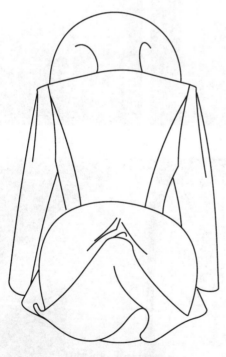

图8-2-2 背视图

图8-2-1 正视图

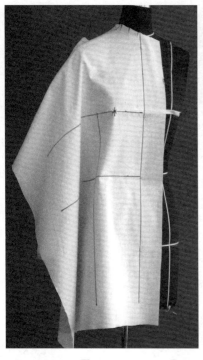
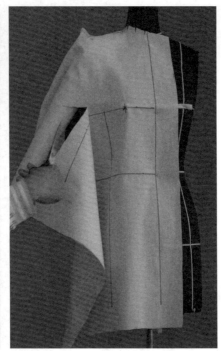

图8-2-3   图8-2-4

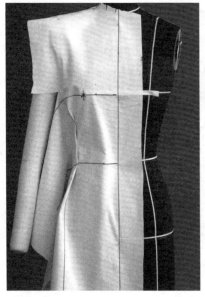
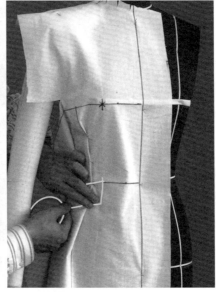

图8-2-5   图8-2-6

操作步骤：

图8-2-3：在人台上加2cm高垫肩，取长＝肩长＋10cm、宽＝B/2＋10cm大小的坯布，画上纵向前中线、侧线、横向BL、WL，并与人台覆合一致。

图8-2-4：将实际前浮余量转入前门襟

撇胸，在腋下作剪口（注意不要剪得太深），以方便前衣身腋下造型的制作。

图8-2-5：在前胸BP侧作分割线，用绗针法作大头针，收腰省。

图8-2-6：用标志线作出腰部分割的造型线。

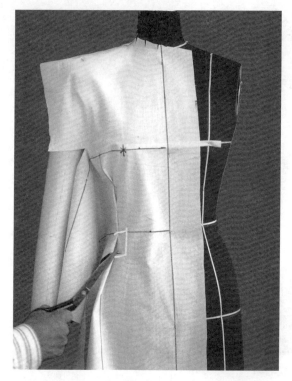

图8-2-7

图8-2-8

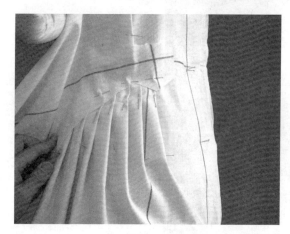

图8-2-9

图8-2-7：沿腰部分割线外0.8cm处剪开。

图8-2-8：剪后的腰部分割线上下两侧布边形状。

图8-2-9：将腰部下部分割布料作成多余褶裥，把腰部分割的上侧布料平整地固定于下侧布料上。

图8-2-10：用标志线作出腰部上部分割的造型线。

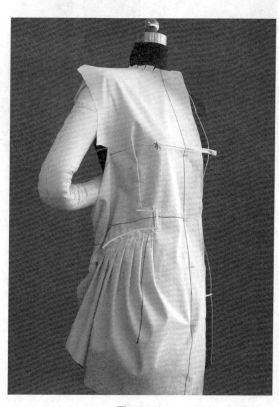

图8-2-10

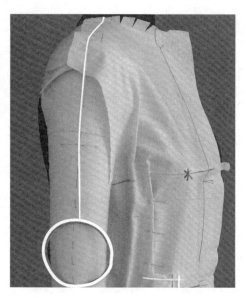

图8-2-11

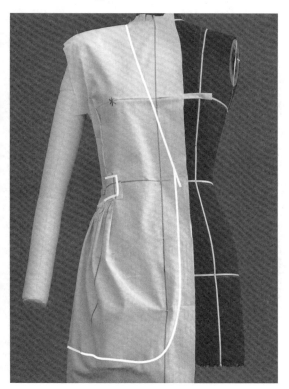

图8-2-13

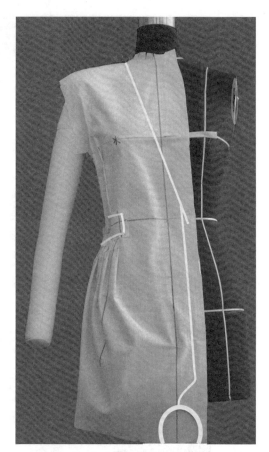

图8-2-12

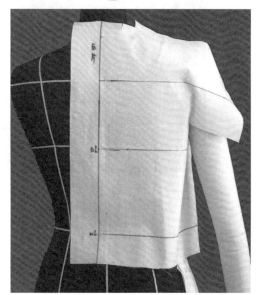

图8-2-14

图8-2-11：作出前肩缝及前胸部松量（约占0.14（B-B*））。

图8-2-12：按设计图作出前门襟处造型线。

图8-2-13：最后作成的前门襟造型，并留出2cm缝份后剪去多余量。

图8-2-14：最后取长＝腰节+10cm、宽＝B/2+10cm的坯布，画出纵向后中线、侧线，横向BL、WL、背宽线并与人台覆合一致。

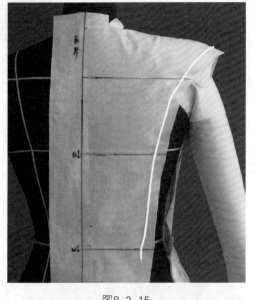

图8-2-15

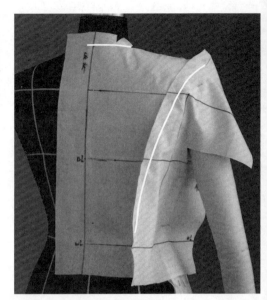

图8-2-16

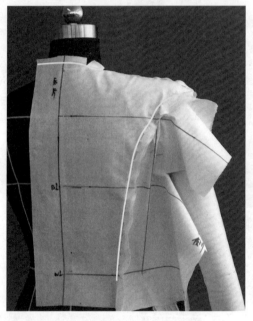

图8-2-17

图8-2-18

图8-2-15：将后浮余量在肩线上缝缩消除后，作出肩线，后侧分割。

图8-2-16：取长＝腰节＋10cm、宽＝B/4+5cm的坯布，画出纵直丝缕及横向BL、WL，并与人台覆合一致后作出后侧分割线。

图8-2-17：将后侧片置于大片下，且BL、WL对齐后作出衣身胸腰松量（胸部松量约占0.16（B－B＊））。

图8-2-18：留出前后侧缝松量（胸部松量为0.4（B－B＊），腰部松量视整体效果而定）后将前后侧缝固定。

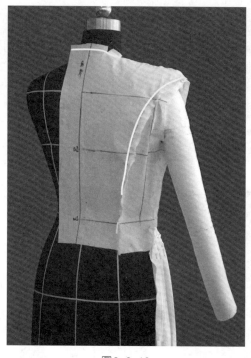

图8-2-19

图8-2-20

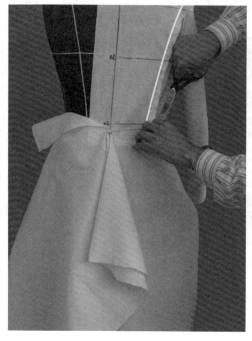

图8-2-21

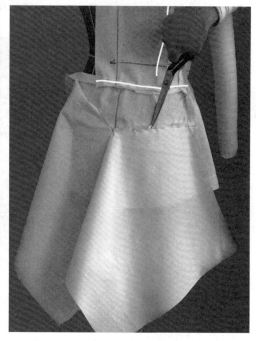

图8-2-22

图8-2-19：最后作成的后衣身上段造型。

图8-2-20：取长＝下衣长＋15cm画出纵向中线及横向WL、HL且将中线与人台覆合一致，侧缝处略放出。

图8-2-21：取长＝波浪裙长＋25cm，画出纵向中线并将其与人台覆合一致，并在中线处挖出波浪。

图8-2-22：挖出后部波浪，在上部作剪切口后置平。

图8-2-23

图8-2-24

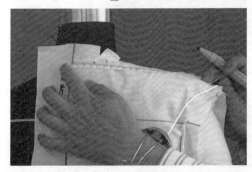

图8-2-25

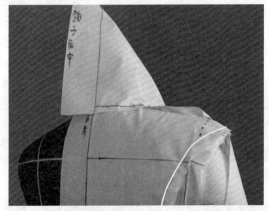

图8-2-26

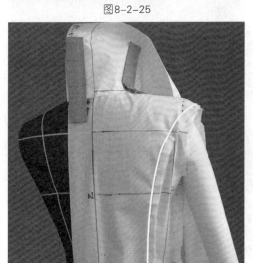

图8-2-27

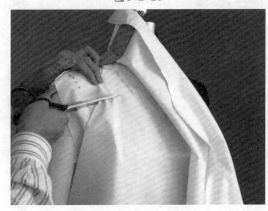

图8-2-28

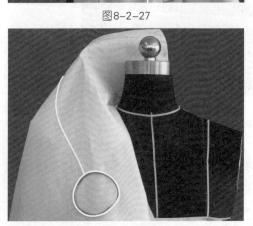

图8-2-29

图8-2-23：拉平波浪裙身,用标志线作出波浪裙外轮廓线。

图8-2-24：在造型线留出1cm缝份后,剪去多余量。

图8-2-25：自BNP点量至肩缝处,测出设定的肩宽,一般肩宽＝横肩宽/2=0.25B+15~16cm。

图8-2-26：按波浪领作法作出矩形领身坯布、并作出剪口后先固定于后衣身。

图8-2-27：用硬纸板将后领身撑起,作出上领的造型。

图8-2-28：在领下口处边作剪切口边将领身上提，作出波浪。

图8-2-29：完成领下口后翻向正向，用标志线作出领外轮廓线。

图8-2-30：将领下口的缝份修剪平整，并局部调整。

图8-2-31：最后作成波浪领外轮廓造型。

图8-2-32、图8-2-33：最后完成的波浪

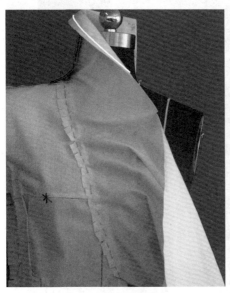

图8-2-30

图8-2-31

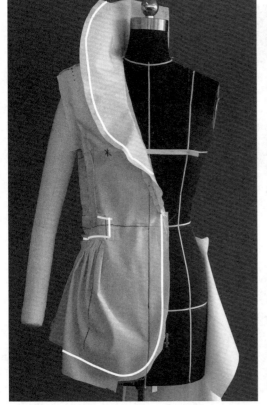

图8-2-32

图8-2-33

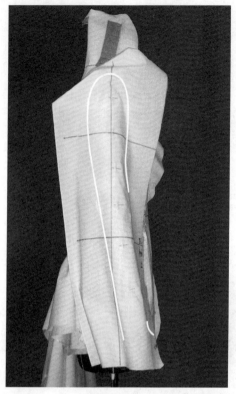

图8-2-34

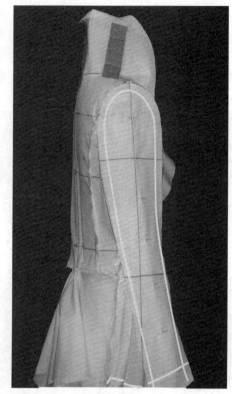

图8-2-35

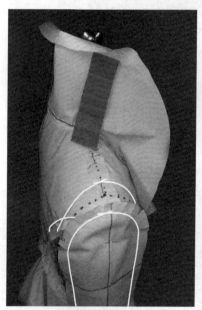

图8-2-36

图8-2-37

领、分割衣身的前后成型图。

图8-2-34：取长＝袖长＋10cm、宽＝30cm的坯布，画出纵向中线及横向的袖中线、袖肘线，袖山取值约为成型袖窿深的0.9倍，一般为16~18cm，并与布手臂覆合一致。

图8-2-35、图8-2-36：在袖正侧布上用标志线作出袖身正视侧面造型线。

图8-2-37：取长＝腰节＋15cm、宽＝0.2B+10cm的值作为外袖坯布，画出纵向正中线，横向袖中线、袖肘线并与人台覆合一致。

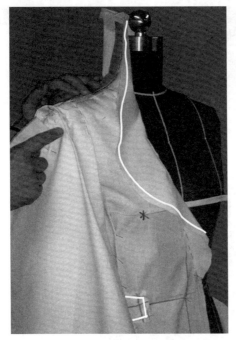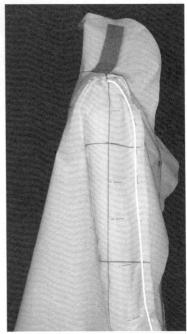

图8-2-38　　　　　　　　　　　图8-2-39

图8-2-38：在袖山处将外袖
身布向里推进，以形成3cm左右深
度的袖山造型。

图8-2-39：将外袖布正向置
平后，侧面与袖侧布固定形成弯身
的袖身造型。

图8-2-40、图8-2-41：将外
袖身在底部固定作成袖底缝，并将
外袖袖山与前后袖窿固定形成弯
身分割型袖身，并取下展开烫平，
修剪成平面图。

图8-2-40

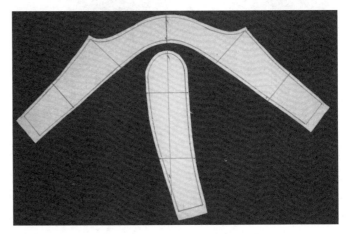

图8-2-41

图8-2-42

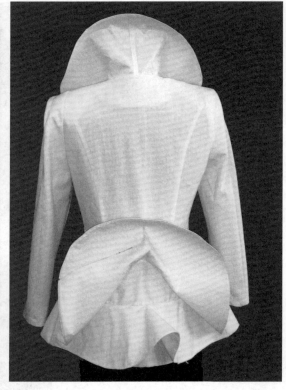

图8-2-43

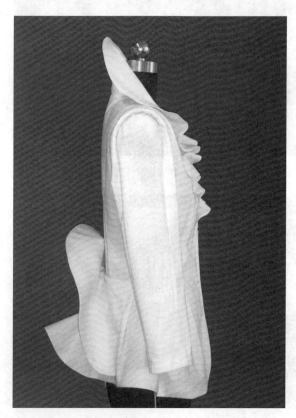

图8-2-44

图8-2-42~图8-2-44：最后作成的波浪领，袖山凹进分割袖衣身分割的整体前、后、侧视图，该款的难点在袖山凹进的袖身以及特殊分割的衣身，具有较强装饰性及工艺特殊性。

8.3　皱褶领自然皱褶衣身短上装

造型如图8-3-1、图8-2-2。

款式分析：

衣身廓形：X形廓体。

结构要素：自然皱褶的构成，皱褶领的立体构成。

腰围线以上曲面处理量：

前片——自然皱褶衣身；

后片——自然皱褶衣身。

胸围线以下曲面处理量：

前片——自然皱褶衣身；

后片——自然皱褶衣身。

领窝造型——斜形右罩肩领窝。

袖窿造型——右袖窿按无袖袖窿19~22cm深设计。

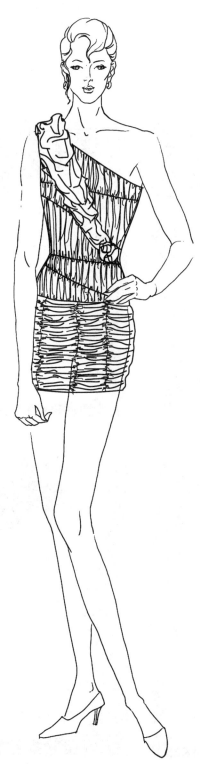

图8-3-1　正视图

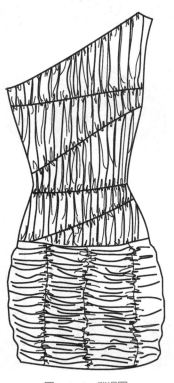

图8-3-2　背视图

操作步骤：

图8-3-3：取长＝衣长＋10cm、宽＝B/2+40cm（抽褶量及余量）坯布，用缝纫机假缝后抽褶，形成立体感强的自然皱褶衣身。

图8-3-4：在领口及衣身下摆按造型贴标志线。

图8-3-5：取长＝下摆造型＋20cm（抽褶量及余量）、宽＝H/2+10cm的坯布，用缝纫机假

缝五条线，再抽褶成自然皱褶。

图8-3-6：后衣身按与前衣身同样的方法作成。

图8-3-7：取长＝袖窿弧长＋前肩至前左腰线的长度＋12个褶裥×4cm约为40cm的坯布，然后折光。

图8-3-8：将折光后的坯布按造型作成褶裥固定在衣身上。

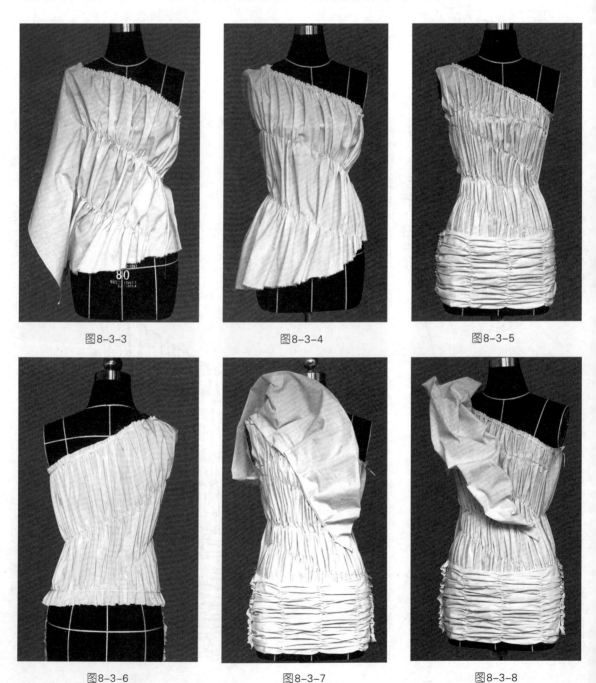

图8-3-3   图8-3-4   图8-3-5

图8-3-6   图8-3-7   图8-3-8

图8-3-9：将折光的坯布拉展开，作成自由状态的凹凸造型。

图8-3-10：凹凸造型要求凸痕成犬牙交错的立体状，不能成有规则的平行状。

图8-3-11：最后作成造型的前视图要求整体抽褶自然，凹凸造型立体感强，布花装饰与整体协调。

图8-3-10～图8-3-12：为最后成型的正、侧、背视图。

图8-3-9

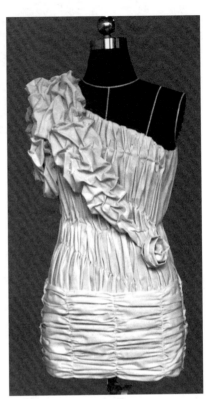

图8-3-10

图8-3-11

图8-3-12

8.4 垂褶领抽褶衣身连衣裙

造型如图8-4-1、图8-4-2。

款式分析：

衣身廓形：长曲线X形廓体。

结构要素：抽缩造型的立体构成。

腰围线以上曲面处理量：

前片——转入中心抽褶造型；

后片——转入垂褶造型。

胸围线以下曲面处理量：

前片——转入腰部垂褶；

后片——转入背部垂褶。

领窝造型——按贯头型处理≥56cm。

袖窿造型——按无袖袖窿设计为19~22cm。

图8-4-2 背视图   图8-4-1 正视图

操作步骤：

图8-4-3：在人台上作后身垂褶领领口标志线及前身抽褶领领口标志线。

图8-4-4：取 长=后 腰 节+10cm、宽=B/2+15cm的45°正斜料坯布，并标出中心线，将领口折宽，将坯布与人台覆合一致。

图8-4-5：在肩缝上将坯布丝缕上提使垂褶自然，并注意使坯布中线始终对准人台后中线。

图8-4-6：将左右两侧的肩缝丝缕上摆，并使垂褶左右两侧对称。

图8-4-7：将腰部余量向两侧除去，作肩、侧、底边标志线，并剪去余量。

图8-4-8：做好领口的人台前身。

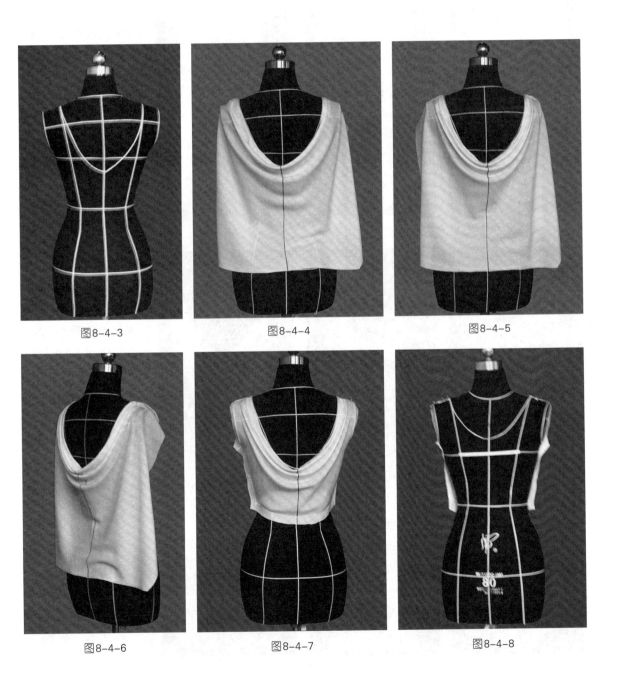

图8-4-3　　　　　　　　图8-4-4　　　　　　　　图8-4-5

图8-4-6　　　　　　　　图8-4-7　　　　　　　　图8-4-8

图8-4-9

图8-4-10

图8-4-11

图8-4-9：取长＝衣长+30cm、宽=B/2+30cm的坯布，在中线上用缝纫机做缝后抽缩形成抽褶，然后将坯布与人台覆合一致。

图8-4-10、图8-4-11：整理中心的抽褶，使抽褶量达到理想的状态，并整理腰部的坯布使之平整。

图8-4-12：将坯布腰部以下部分作成褶裥，固定在侧缝上，褶裥的正面成波浪状，并按领口造型线剪切布料领口。

图8-4-13：取长＝裙长+10cm、宽=H/2+10cm的坯布，画出后中线、WL、HL，并与人台覆合一致。

图8-4-14：在腰部中心及两侧提拉作出裙身的三个部位的波浪，提拉的量越大，波浪量越大。

图8-4-12

图8-4-13

图8-4-14

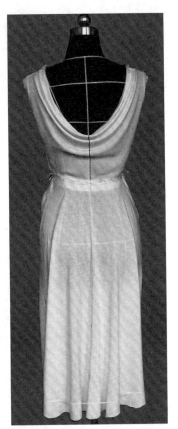

图8-4-15　　　　　　　　　　图8-4-16

图8-4-17

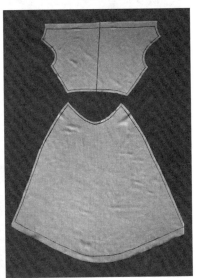

图8-4-18

图8-4-15：最后作成的
前衣身布料造型。

图8-4-16：最后作成的
布料后部造型。

图8-4-17、图8-4-18为
展平、烫平、修正后的布料平
面图。

图8-4-19～图8-4-21
为最后成型的正、侧、背视图。

图8-4-19　　　　　　图8-4-20　　　　　　图8-4-21

8.5 方形褶皱领球形裙

造型如图8-5-1、图8-5-2。

款式分析：

衣身廓形：花瓶形廓体。

结构要素：方形褶裥领，球形裙身立体
构成。

腰围线以上曲面处理量：

前片——转入方形褶裥领内；

后片——转入斜形褶裥领内。

胸围线以下曲面处理量：

前片——转入方形褶裥领内；

后片——转入斜形褶裥领内。

领窝造型——按贯头型≥56cm，前型成方
形，后型成V形。

袖窿造型——按无袖袖窿19~22cm设计。

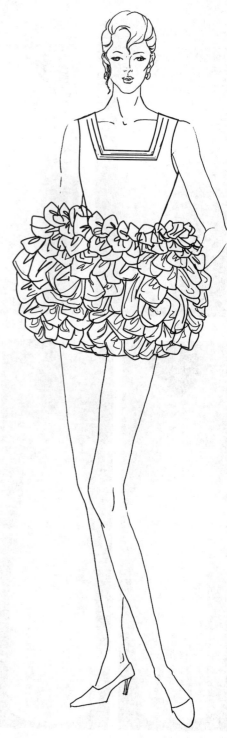

图8-5-1　正视图

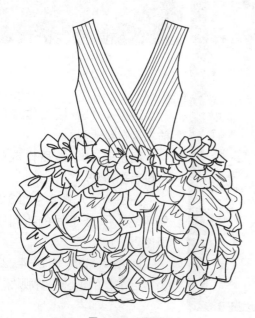

图8-5-2　背视图

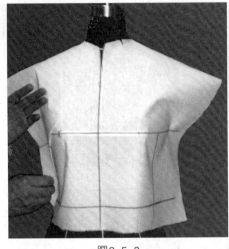

图8-5-3

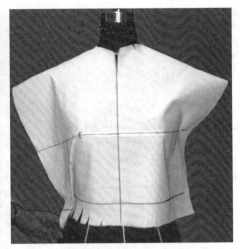

图8-5-4

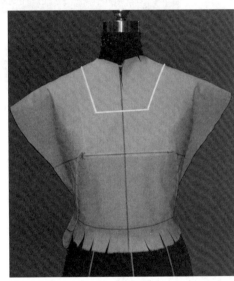

图8-5-5

图8-5-6

作里布：

图8-5-3：取长＝腰节长＋10cm、宽＝B/2＋10cm的矩形布样，按规定画准前中线、BL、WL，然后与人台覆合一致。

图8-5-4：将前浮余量捋至腰部，用腰省收去浮余量。

图8-5-5：作出方形领口造型标志线。

图8-5-6：腰部作剪切口，调整大头针整理衣身使之平整自然。

图8-5-7：按人台肩线、侧缝线及袖窿造型画出造型线，剪去多余部分。

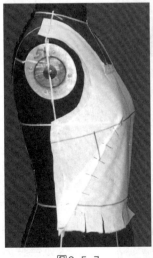

图8-5-7

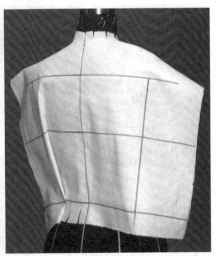

图8-5-8

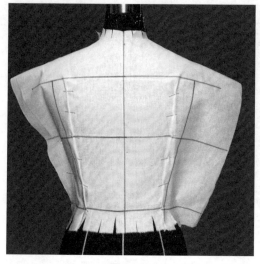

图8-5-9

图8-5-10

图8-5-11

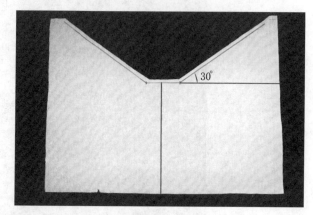

图8-5-12

图8-5-8：取与前衣身同样大小的矩形布样，并按规定画准后中线、BL、WL，然后与人台覆合一致。

图8-5-9：将后浮余量捋至腰部，收腰省，腰部作剪切口，使其平整。

图8-5-10、图8-5-11：将前后衣身肩缝、侧缝对准后用大头针作平行针法固定，注意根据造型放出适当松量。

作面布：

图8-5-12：取长=腰节长+20cm、宽=B/2+10cm矩形布样，画出前中线，并按造型剪成倒梯形剪口，注意梯形两边夹角取30°左右为宜，过大则会使方形褶裥量过小，过小则会使方形褶裥量过大。

图8-5-13

图8-5-14

图8-5-15

图8-5-16

图8-5-17

图8-5-13：先将布样的领口与里布衣身正面的领口相对,用大头针固定后,然后反转向正向。注意梯形布料经向线与人台前中线对齐。

图8-5-14：用大头针将方形领口的面里布固定,注意在方口的顶端不要形成不平的褶状。

图8-5-15：将领口多余的布料按方形褶裥的形状用大头针加以固定,褶裥量一般为2~3cm左右,过小没有立体感,过大则会使周边不平整。整理褶裥时注意将腰部作剪口整理平整。将前浮及腰省量全部抒至上部褶裥,使之消化整理平整。

图8-5-16：整理前衣身使之平整自然且剪去多余量。

图8-5-17：用斜形褶裥的方法作成左右两片后衣身,注意将腰省及后浮余量转入褶裥,且表面平整美观。

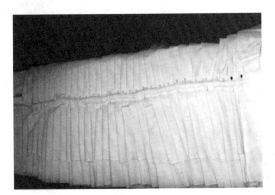

图8-5-18

图8-5-18：取门幅为90cm、长度为10H（H为人台的臀围量）的布料，90cm门幅按将75cm部分作成对折状、15cm部分作成单片状，然后作成裥底为4～5cm、裥距为2cm左右的顺向裥，在距上口15cm处用大头针加以牢固固定。

图8-5-19：将折成褶裥状的布料在距上口15cm处固定在人台腰部，翻折下来形成两层褶裥。

图8-5-20、图8-5-21：将褶裥裥底布料拉出，边拉出边扭成自然的花瓣形，然后用大头针加以固定。

图8-5-22：将所有的裥底布料拉出扭成花瓣形后，对整体外形进行调整，将花形整理成均匀、自然的立体感强烈的球状造型。

图8-5-23~图8-5-25：为最后成型的正、侧、背视图。

图8-5-19

图8-5-20

图8-5-21

图8-5-22

图8-5-23

图8-5-24

图8-5-25

第九章　礼仪服

9.1　绣缀造型礼服

造型如图9-1-1、图9-1-2。

款式分析：

衣身廓形：长曲线X形廓体。

结构要素：绣缀在前胸部的应用，抽缩花瓣的构成。

腰围线以上曲面处理量：

前片——转入绣缀造型中；

后片——转入斜形皱褶 中。

胸围线以下曲面处理量：

前片——转入绣缀造型中；

后片——转入斜形皱褶中。

领窝造型——按半露肩形状设计。

袖窿造型——按无袖袖窿19~22cm设计。

图9-1-1　正视图

图9-1-2　背视图

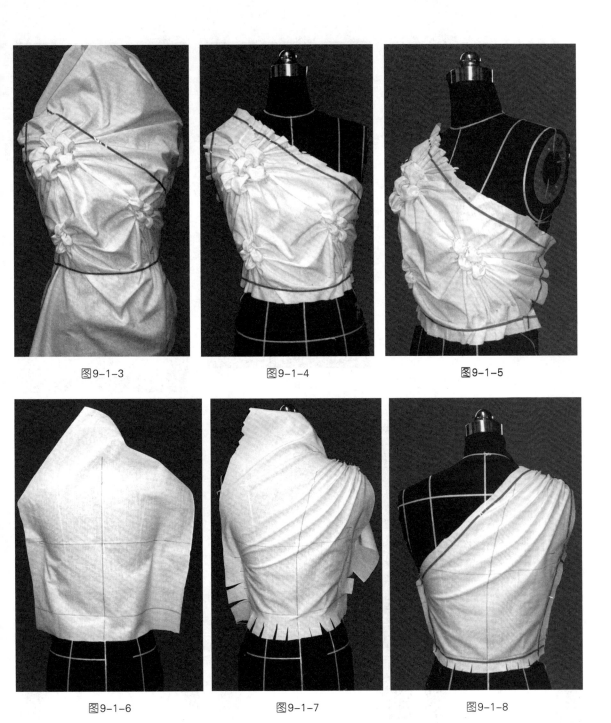

图9-1-3   图9-1-4   图9-1-5

图9-1-6   图9-1-7   图9-1-8

操作步骤：

图9-1-3：按绣缀方法作成绣缀的造型，并覆合于人台。

图9-1-4、图9-1-5：按衣身造型轮廓线作出前衣身造型线。

图9-1-6：取长=腰节+10cm、宽=B/2+10cm，

画出纵向后中线，横向BL、WL，并覆于人台。

图9-1-7：将后衣身腰部松量及后浮余量都挒至右肩处，形成斜向皱褶造型。

图9-1-8、图9-1-9：作出后部造型轮廓线，并与前衣身固定。

图9-1-10：取长＝裙长＋10cm、宽＝H+30cm的坯布，画出纵向前中线，横向HL，并覆合于人台。

图9-1-11、图9-1-12：在腰部作细褶作成前裙身。后裙身的方法相同。

图9-1-13：在腰部取直料坯布自然折叠成10cm宽的随意皱褶造型，覆于人台。

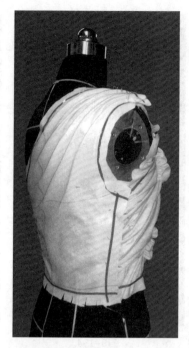

图9-1-9

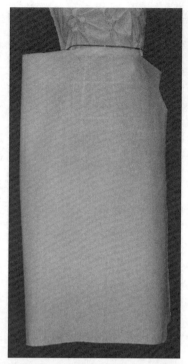

图9-1-10

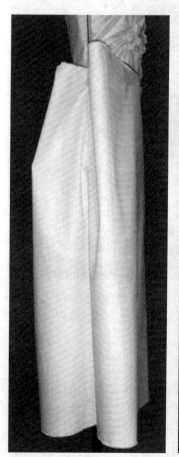

图9-1-11

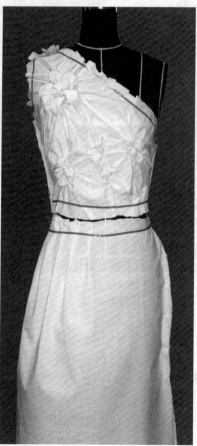

图9-1-12

图9-1-13

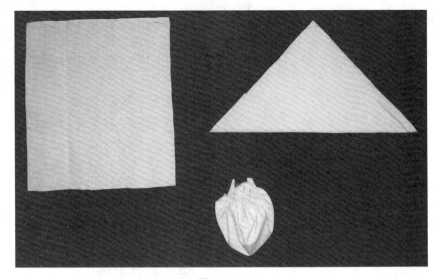

图9-1-14

图9-1-14：取边长=20cm的正方形坯布对折成三角形，再在两三角形缝合抽缩形成立体花瓣造型。

图9-1-15：将作成的花瓣造型置于后裙身腰部以下部位。

图9-1-16、图9-1-17为最后成型的正视图与背视图。

图9-1-15

图9-1-16

图9-1-17

9.2 领部折叠、胸部堆积造型礼服

造型如图9-2-1、图9-2-2。

款式分析：

衣身廓形：长曲线X形廓体。

结构要素：交叉式胸褶构成，堆积裙身
构成。

腰围线以上曲面处理量：

前片——转入交叉式胸部褶裥内；

后片——转入堆积衣身内。

胸围线以下曲面处理量：

前片——转入交叉式胸部褶裥内；

后片——转入堆积衣身内。

领窝造型——露背及交叉式领身，领身
3~4cm宽。

袖窿造型——按无袖袖窿19~22cm设计。

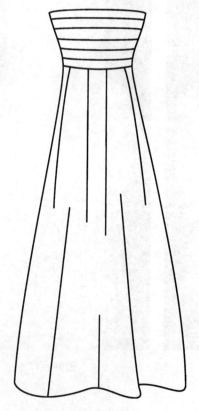

图9-2-2 背视图　　　　　　图9-2-1 正视图

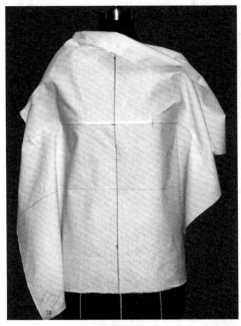

图9-2-3

图9-2-4

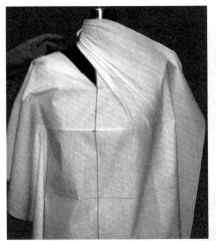

图9-2-5

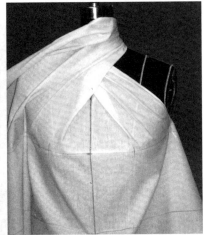

图9-2-6

操作步骤：

图9-2-3：取长＝衣长＋10cm、宽＝B/2＋10cm的矩形
坯布。画上经向各中线,侧面经向各丝缕线,横向BL、WL
及BP点,并与人台覆合一致。

图9-2-4：将前中线剪开至BL上5cm左右,将左
侧浮余量至领窝部位并做成褶裥,第一个褶裥折叠量
共3cm左右,褶裥尖指向BP点。

图9-2-5：将前衣身胸肩部整理平整,依次做第二、
第三个褶裥,褶裥量控制在2.5cm左右,褶裥自然光顺。

图9-2-6：将右侧的坯布整理平整,依次折光,褶裥
量控制与右侧一致。

图9-2-7：调整左右两侧的褶裥方向,使领部表面

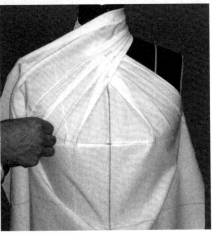

图9-2-7

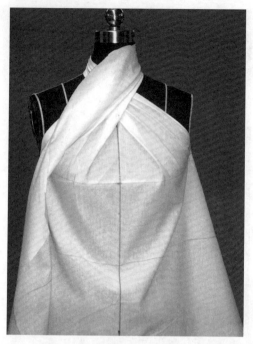

图9-2-8

图9-2-9

图9-2-10

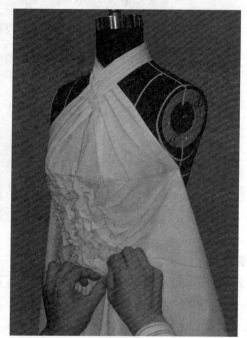

图9-2-11

平整,里面亦无多余量,然后注意使左右两侧的褶裥方向交叉点位于前中线。

图9-2-8:将肩胸部的外部造型线作出,减去多余部位然后折光。

图9-2-9:在胸腰部作紧身里布。

图9-2-10、图9-2-11:将布料推积成三角形皱褶,推积布料时应以不同方向推,避免推成的布痕成单行形。

图9-2-12：局部调整使左右上下的皱褶均衡、统一、美观。

图9-2-13：作出腰部以下造型线，剪去多余部分。

图9-2-14：在上半身造型基础上加上裙身。

图9-2-15：在斜形褶裥衣领基础上增加折叠造型的裙身，可以塑造各种变化造型。

图9-2-12

图9-2-13

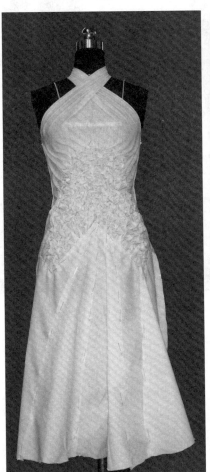

图9-2-14

图9-2-15

图9-2-16~图9-2-18：为最后成型
的正、侧、背视图。

图9-2-16   图9-2-17   图9-2-18

9.3 斜形褶裥斜形波浪裙礼服

造型如图9-3-1、图9-3-2。

款式分析：

衣身廓形：长曲线X形廓体。

结构要素：斜形褶裥衣身，花瓶形波浪裙身。

腰围线以上曲面处理量：

前片——转入斜形褶裥；

后片——转入后部垂褶。

胸围线以下曲面处理量：

前片——转入斜形褶裥；

后片——转入后部垂褶。

领窝造型——按宽头型≥56cm设计。

袖窿造型——按无袖袖窿19~22cm设计。

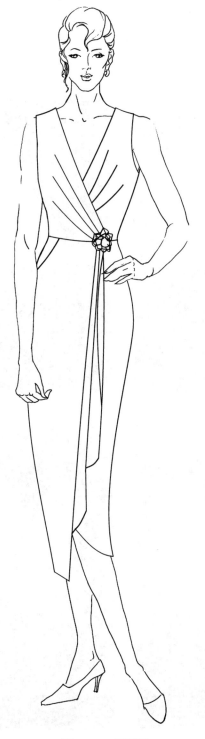

图9-3-1　正视图

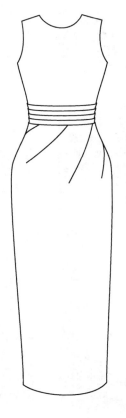

图9-3-2　背视图

操作步骤:

图9-3-3:取长=腰节+10cm、宽=B/4+10cm 的直料坯布,画出纵向丝缕线,并将中线对准前领造型。

图9-3-4:在腰部折叠褶裥,将腰部作剪切口,使之不牵紧,然后逐个折叠褶裥,注意腰部要平整。

图9-3-5:将肩缝、袖窿、侧缝、腰缝贴上标志线后剪去多余量。

图9-3-6:右侧的坯布与左侧的坯布同样方法处理后覆合于人台。

图9-3-7:将右侧坯布腰部作刀眼后折叠褶裥的大小形状都与左侧形成同样的造型。

图9-3-8:右侧布料贴上标志线,作出肩、袖窿侧缝造型。

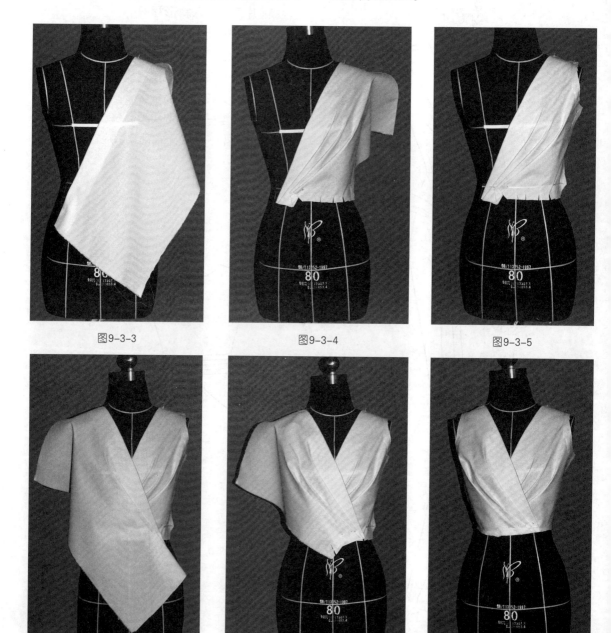

图9-3-3   图9-3-4   图9-3-5

图9-3-6   图9-3-7   图9-3-8

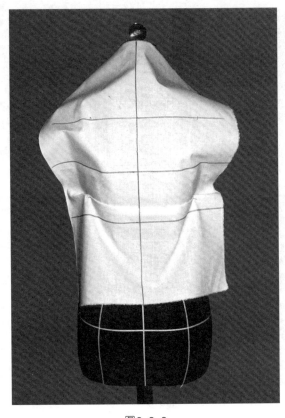

图9-3-9

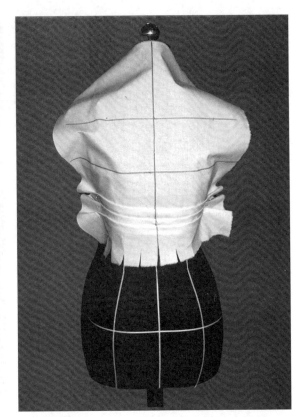

图9-3-10

图9-3-9：取长＝后腰节+30cm、宽＝
B/2+20cm的坯布，画出后中线、BL、WL、背宽
线等，并与人台覆合一致。

图9-3-10：在腰部作横向褶裥，褶裥的
形状要成平行的弧形状。

图9-3-11：将后衣身浮余量集中在
后颈部，并适当放入做垂褶的松量。

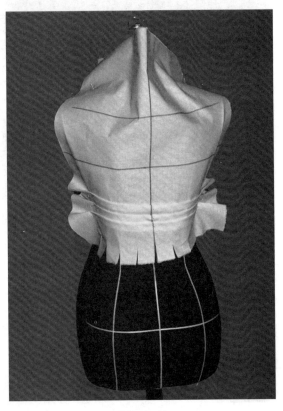

图9-3-11

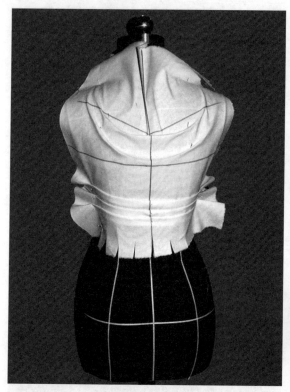

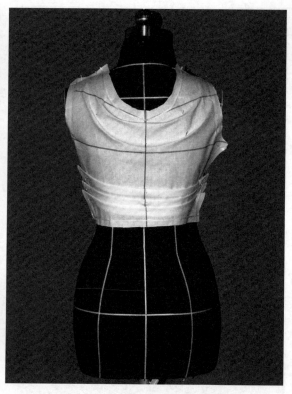

图9-3-12

图9-3-13

图9-3-14

图9-3-12：将后颈部松量推向肩宽线形成垂褶。

图9-3-13：领口肩缝、侧缝贴上造型标志线，完成领窝造型。

图9-3-14：取整段坯布，直丝缕方向固定于腰部，横丝缕方向固定于右侧侧缝。

图9-3-15：折叠腰部褶裥使腰部平整，同时向上提拉布料，使裙身下口收紧。

图9-3-16：将坯布拉至侧缝，继续提拉布料，使下口收紧并折叠褶裥。

图9-3-17：将布料继续边向上提拉边折叠腰部褶裥，作成美观的花瓶形裙身。

图9-3-18：坯布的最终固定部位与上衣的右侧衣身齐，并将布料下放观察形成的纵向波浪量是否合适。

图9-3-15　　　　　　　　　图9-3-16

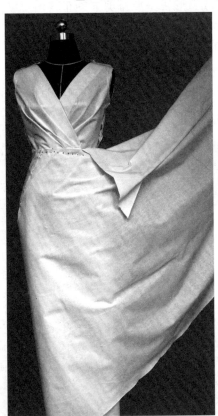

图9-3-17　　　　　　　　　图9-3-18

图9-3-19

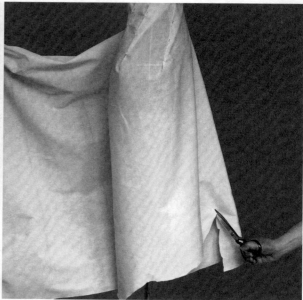

图9-3-20

图9-3-19：至里侧裙身开始修剪裙底边。

图9-3-20：继续沿裙边修剪，使底边呈圆弧形。

图9-3-21：接近终点时将裙身底边修剪为弧形大的造型。

图9-3-22：将裙身修剪成弧形后把准备剪去的布料留下10cm左右宽、50cm长一大段，作为做布花的用料。

图9-3-23：将留下的布料自然地无规则地缠绕、折叠成美观的布花。

图9-3-24、图9-3-25：将作成的衣服造型进行最后的整理、局部修改。

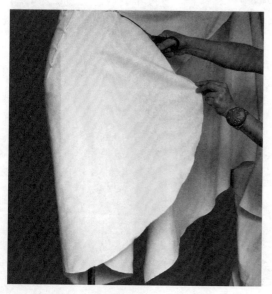

图9-3-21

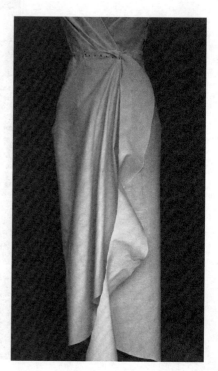

图9-3-22

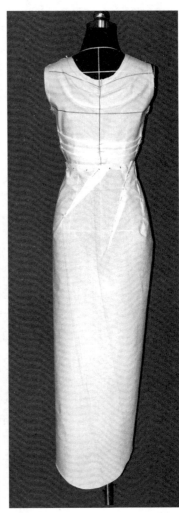

图9-3-23   图9-3-24   图9-3-25

图9-3-26、图9-3-27：将布样展平、烫平、
修正、剪齐，最后完成的前后衣身、裙身布样。

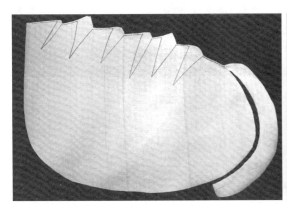

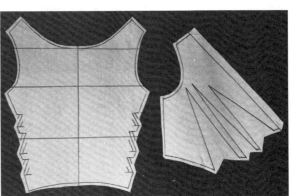

图9-3-26   图9-3-27

图9-3-28～图9-3-30：为最后成型的正、
侧、背视图。

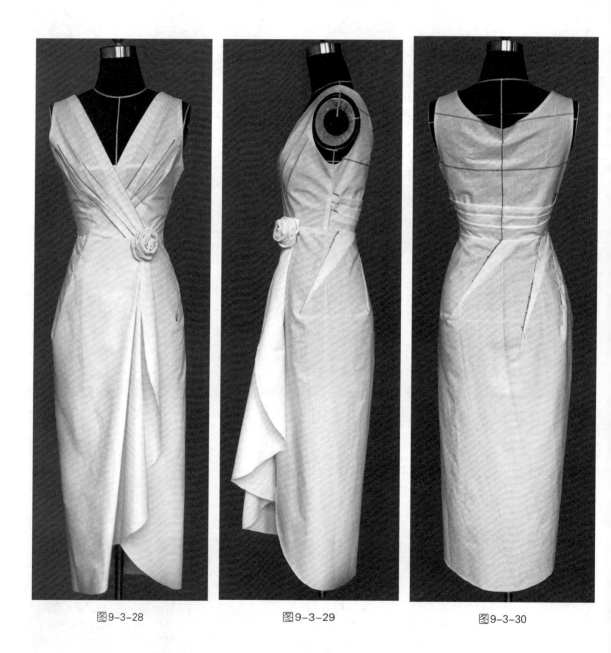

图9-3-28   图9-3-29   图9-3-30

9.4 弧形褶裥造型礼服

造型如图9-4-1、图9-4-2。

款式分析：

衣身廓形：长曲线X形廓体。

结构要素：一片式褶裥衣身立体构成。

腰围线以上曲面处理量：

前片——转入弧形褶裥内。

胸围线以下曲面处理量：

前片——转入弧形褶裥内。

后片——转入横向褶裥内。

作补整文胸：

图9-4-3：在人台上覆少量腈纶棉，并覆上坯布，把坯布剪成圆形并收省，使之与人台贴合，增加胸部的隆起程度。

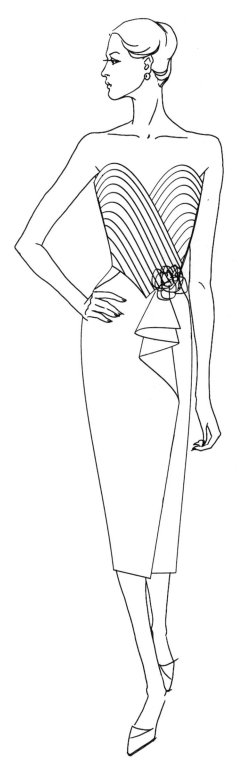

图9-4-1 正视图

图9-4-2 背视图

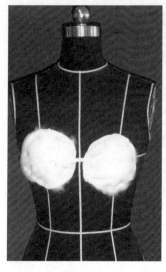

图9-4-3

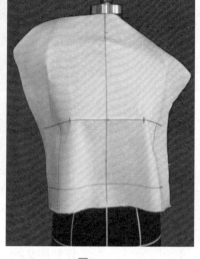

图9-4-4

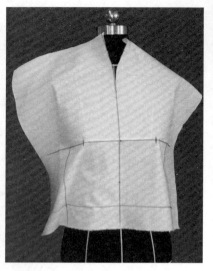

图9-4-5

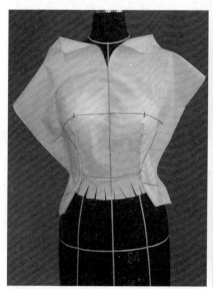

图9-4-6

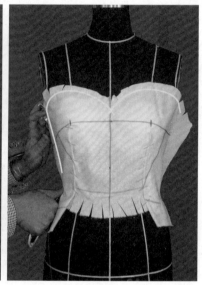

图9-4-7

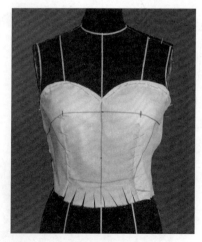

图9-4-8

　　图9-4-4：取长＝腰节长＋10cm、宽＝B/2＋10cm的矩形布样。画上经向前中线，横向BL、WL，并与人台覆合一致。

　　图9-4-5：在前中线处将领窝剪开，将前浮余量捋至腰省处。

　　图9-4-6：在腰部作剪切口并将坯布整理平整，且使左右衣身对称。

　　图9-4-7：用标志线作出上胸部、侧缝处的造型线。

　　图9-4-8：按造型线预留缝头，剪去多余的布料并将缝头折光，做成优美的胸部造型，作出最终的里布布样。

作面布弧形褶裥造型：

左衣身用斜形布条作成。

图9-4-9：取45° 正斜坯布，剪成4cm左右宽度的斜条，然后折光，后按后衣身弧形褶裥造型覆于里布上。注意面布要盖过里布的外轮廓。

图9-4-10：覆上斜裁布条时，注意三点：

一是斜裁布条要稍拉紧，这样较呈弹性状。

二是相邻布条之间的距离应逐步做到中间小（BP点附近）两侧大，以便逐步减少弧形裥的弧度。

三是在BP点附近将布料仔细理顺，不要形成集中的不平整状态。

右衣身用整块的直料作成。

图9-4-11：用整块的直料折光后两侧剪去多余的坯布后，按弧形造型线覆合于人台右侧。

图9-4-12：作褶裥时注意将裥内层的坯布整理平整，否则会影响到外侧的平整度。相邻褶裥的中间距离应比两侧的距离小，这样可以逐步减少弧形褶裥的弧度，也减少操作技术难度。

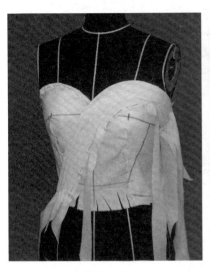

图9-4-9

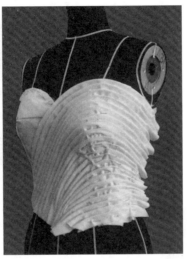

图9-4-10

图9-4-11

图9-4-12

图9-4-13

图9-4-13：按上述方法作成平整美观的弧形褶裥。

图9-4-14：在腰部覆上V形造型线，留缝后剪去多余部分的坯布。

图9-4-15：用直料作成后衣身垂褶状造型，注意坯布的中线要始终对准人台的后中线，以使左右造型对称。

图9-4-16：取长＝裙长＋20cm，宽＝H+20cm的矩形布样，画出经向中线，横向WL、HL且与人台覆合一致。

 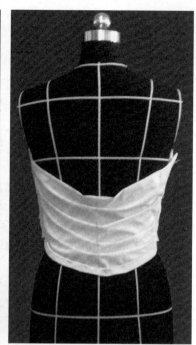

图9-4-14　　　　　　　　　图9-4-15

图9-4-17：将两侧侧缝的坯布向前向上提拉，使裙摆呈收缩绷紧状态，多余的布料推向腰部。

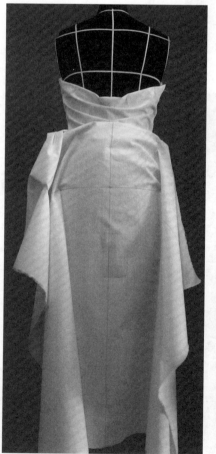 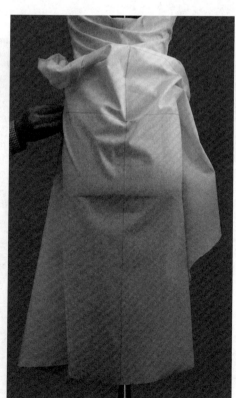

图9-4-16　　　　　　　　　图9-4-17

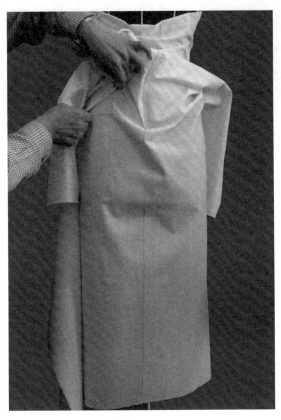

图9-4-18

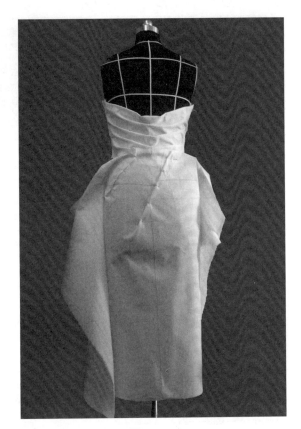

图9-4-19

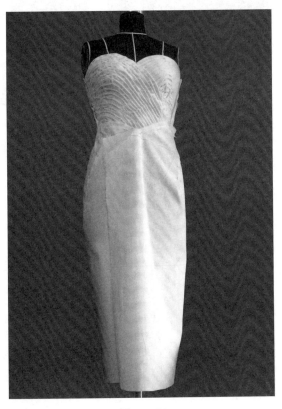

图9-4-20

图9-4-18：将腰部多余的坯布折成自由形态的省道。

图9-4-19：自由形态的省道之间不要平行，要随意自然。

图9-4-20：在前中线处将左右裙身多余的布料叠合。

图9-4-21

图9-4-22

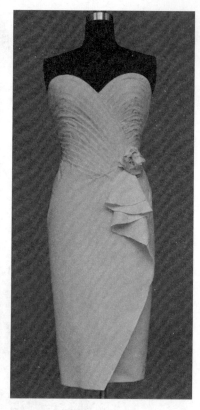

图9-4-23

图9-4-24

图9-4-25

　　图9-4-21、图9-4-22：
沿前中线作弧形造型线,留
缝后剪去多余坯布形成弧形
的前裙摆,后裙摆成水平状。
　　图9-4-23~图9-4-
25:为最后成型的正、侧、背
视图。

9.5 中国式礼服——旗袍

造型如图9-5-1、图9-5-2。

款式分析：

衣身廓形：长曲线X形廓体。

结构要素：斜向门襟结构，旗袍侧缝衩作成并合型。

腰围线以上曲面处理量：

前片——少部分转入撇胸，大部分转入斜形胸省；

后片——转入肩省。

胸围线以下曲面处理量：

前片——转入腰省；

后片——转入腰省。

领窝造型——基础领窝设计。

袖窿造型——按较贴体风格的圆袖袖窿设计。

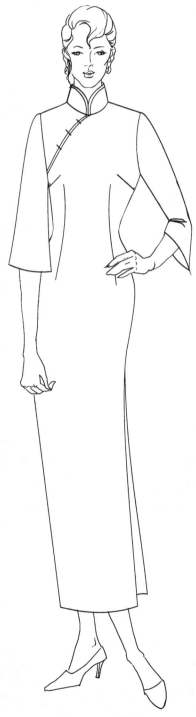

图9-5-1　正视图

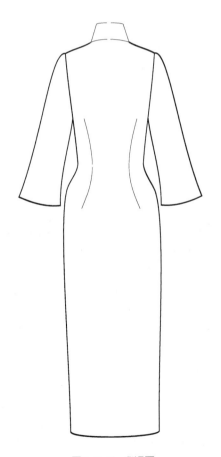

图9-5-2　背视图

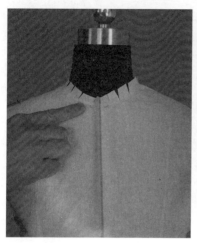
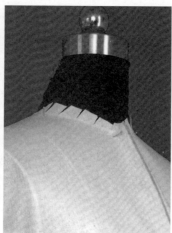

图9-5-4　　　　　　　　　　图9-5-5

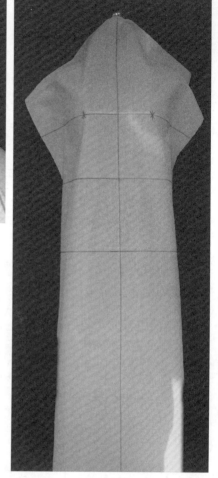

操作步骤：

图9-5-3：取长＝底长+15cm、宽＝B/2+10cm的坯布,画出纵向前中线,横向BL、WL、HL并与人台覆合一致。

图9-5-4：将领口作剪切口放平后,将1cm左右的浮余量转移至前中线处,作为撇胸处理（撇胸量=0.7cm左右）。

图9-5-5：剩下的前浮余量用斜形侧缝省的形式消除。

图9-5-6：在前胸部用标志线作前斜襟造型。

图9-5-7：留下1cm缝份后,将多余的量剪去。

图9-5-3

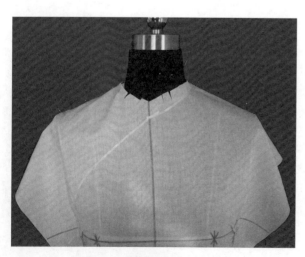

图9-5-6

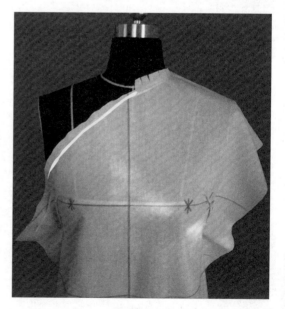

图9-5-7

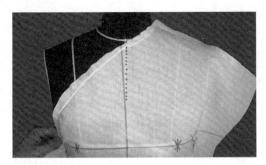

图9-5-8

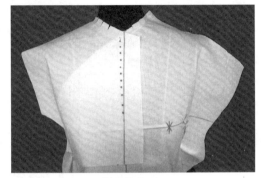

图9-5-9

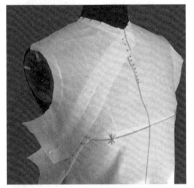

图9-5-10

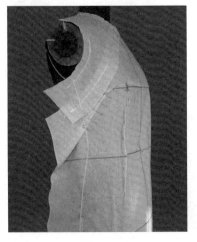

图9-5-11

图9-5-8：画出前中线出撇胸线，将多余量在侧缝处消除。

图9-5-9：取长=SNP至斜形的襟侧缝的垂直长+5cm（35cm左右），宽=B/4+5cm的坯布，画出纵向前中线及横向BL线，与人台覆合一致作为小襟，在小襟的前中线出作出0.7cm的撇胸。

图9-5-10：按大襟的斜襟线标出小襟的门襟造型线，并放出3cm宽的叠门。

图9-5-11：腰部收腰省量，用标志线作出前衣身侧缝造型线，注意在腰部腰有美观流畅的收腰效果。

图9-5-12：在腰部以下应用标志线将裙身加以归拢，归拢后才能使下摆的摆衩成垂直状态。

图9-5-13：在侧缝造型线处留2cm缝份后剪去多余量。

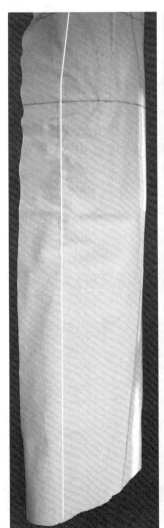

图9-5-12

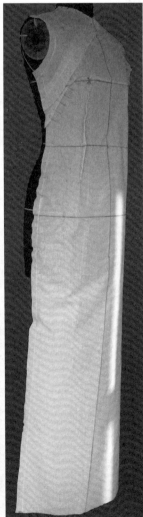

图9-5-13

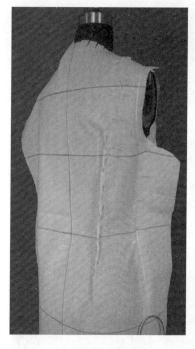
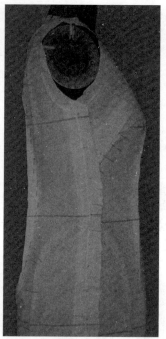
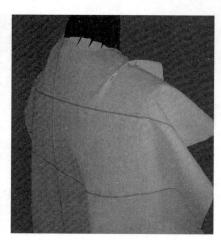

图9-5-14

图9-5-15　　　　　　　　图9-5-16

图9-5-14：取与前衣身同样大小的坯布，画出纵向后中线，横向BL、WL、背宽线，并与人台覆合一致。

图9-5-15：将侧缝与前衣身固定后并作出腰省，然后在领口、袖窿、侧缝处作造型线。

图9-5-16、图9-5-17：在后衣身腰部及下摆处，应作出与前衣身同样的处理，即腰部腰长腰、下摆处腰归拢，以保持后下摆袯成垂直状。

图9-5-18：取长＝领围+6cm，宽＝n_b+5cm的直料坯布作为立领的布样。

图9-5-19：将立领后领部分与衣领后领窝平整固定。

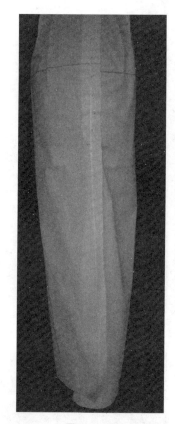

图9-5-17

图9-5-19

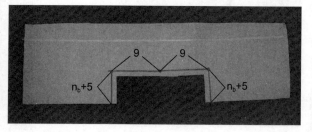

图9-5-18

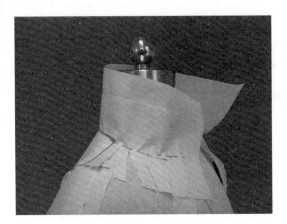

图9-5-20

图9-5-21

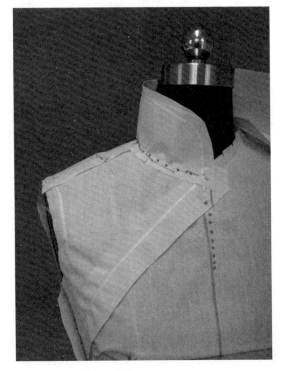

图9-5-22

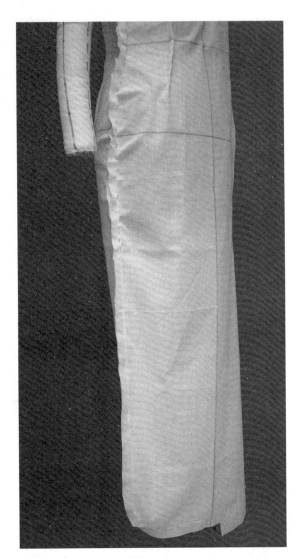

图9-5-23

图9-5-20：在肩线附近领下口要作剪切口，并将领身稍立0.3cm固定。

图9-5-21：固定好前领身后用标志线作领上造型线。

图9-5-22：领身上口留1cm缝份，剪去多余量，观察前领身与斜襟的造型可作微调。

图9-5-23、图9-5-24：最后作成的衣身上下部造型，要成花瓶形造型。

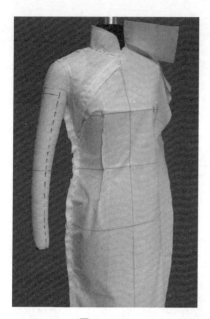

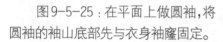

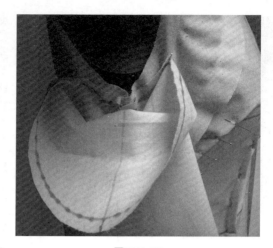

图9-5-25

图9-5-25：在平面上做圆袖，将圆袖的袖山底部先与衣身袖窿固定。

图9-5-26：将袖上翻向肩部，折后略作吃势用大头针固定，注意大头针应与袖山缝道成垂直交叉。

图9-5-27、图9-5-28：最后完成的美观大方的立领，中袖，富人体曲线美的旗袍。

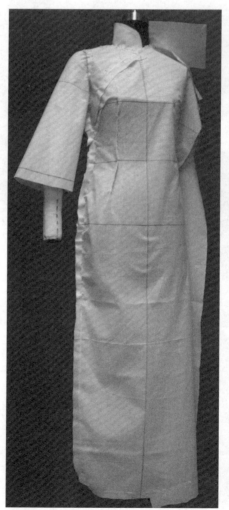

图9-5-26

图9-5-27

图9-5-28

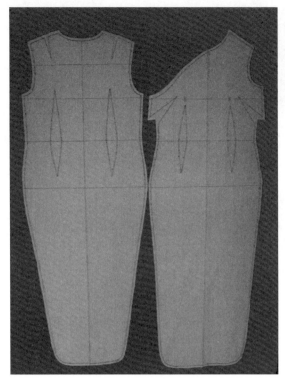

图9-5-29

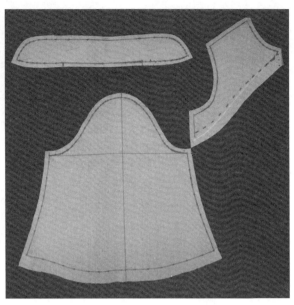

图9-5-30

图9-5-29、图9-5-30：将旗袍取下烫平后修正，画顺衣身，修身的布样。

图9-5-31、图9-5-32：为最后成型的正视图与侧视图。

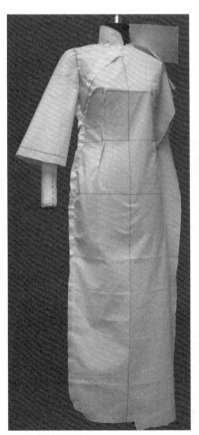

图9-5-31

图9-5-32

9.6 斜裁分割礼服

造型如图9-6-1、图9-6-2。

款式分析：

衣身廓形：长曲线X形廓体。

结构要素：斜形衣身分割，波浪裙摆。

腰围线以上曲面处理量：

前片——转入前中线抽褶。

胸围线以下曲面处理量：

前片——转入斜形分割；

后片——转入斜形分割。

领身造型——按旗袍立领结构设计。

袖窿造型——按无袖袖窿深19~22cm
设计。

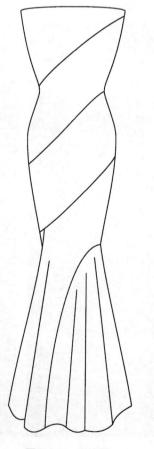

图9-6-2 背视图　　　　　　图9-6-1 正视图

216

操作步骤：

图9-6-3：取长=前腰节=10cm、宽=B/2+15cm矩形布样，画出纵向前中线，横向BL、WL，与人台覆合一致后，按造型作出第一条斜形分割标志线并剪去多余量。

图9-6-4：将前腰部收腰量与前浮余量都摆向领口线。

图9-6-5：将横向领口的余量折成放射形折方向，中心部分的方向量最大。

图9-6-6：最后形成的放射形方向量，中间最大，依次减少。

图9-6-7：在前衣身作领口，肩胸部造型线。

图9-6-8：剪去多余量的领口与肩胸部。

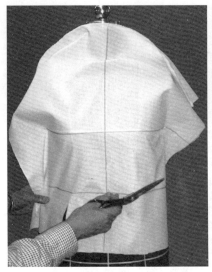

图9-6-3

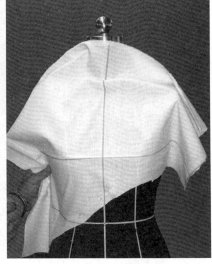

图9-6-4

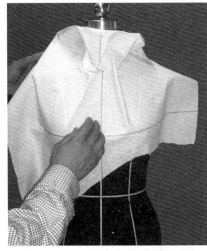

图9-6-5

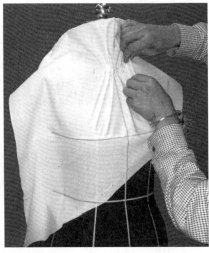

图9-6-6

图9-6-7

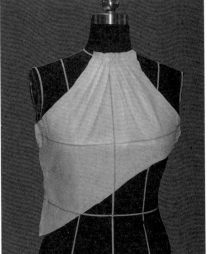

图9-6-8

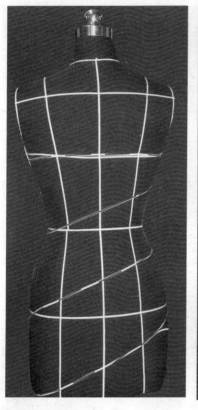

图9-6-9

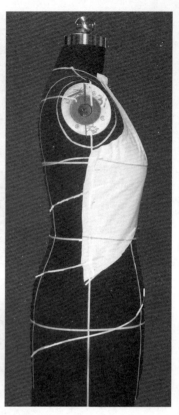

图9-6-10

图9-6-11

图9-6-12

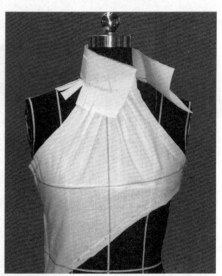

图9-6-13

图9-6-9~图9-6-11：在人台上按造型作出螺旋形斜裁造型线，各条线间距可不等。

图9-6-12：用作单立领的方法，取直丝缕布样覆于领高，按造型需要调整前领身。

图9-6-13：在领身布样上作立领的造型线，力求美观。

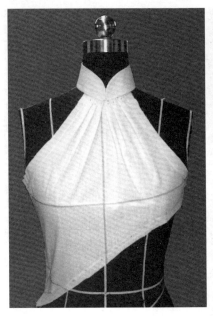

图9-6-14

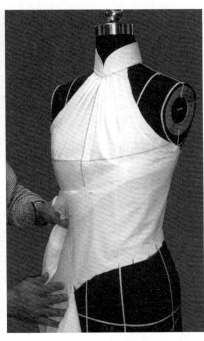

图9-6-15

图9-6-14：按领身造型线留1cm缝份后剪去多余量，作成立领。

图9-6-15：量取人台后衣身宽度取坯布覆于人台，坯布应尽量取长。

图9-6-16：将后衣身坯布拉至前部，按人台形态整理坯布，使之平整。

图9-6-17：将前衣身的坯布继续拉至人台后部，并整理平整，并作出前波浪量。

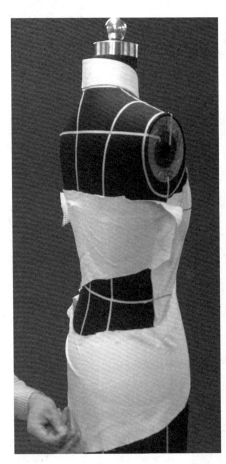

图9-6-16

图9-6-17

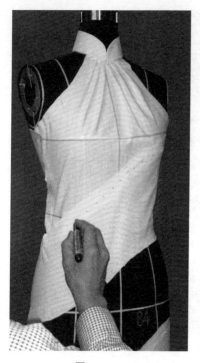

图9-6-18

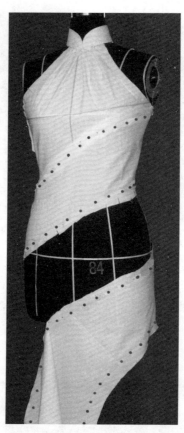

图9-6-19

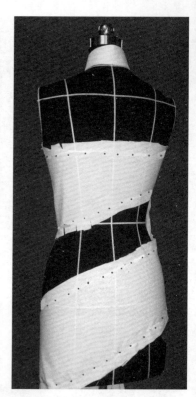

图9-6-20

图9-6-18：按人台前部的造型线覆描作出前衣身，剪出多余量。

图9-6-19：按人台上的斜型造型线覆描作出前衣身下段，剪去多余量。

图9-6-20：按人台上的斜型造型线覆描作出后上身下段，剪去多余量。

图9-6-21、图9-6-22：整理裙身的最下段，画准裙身造型。

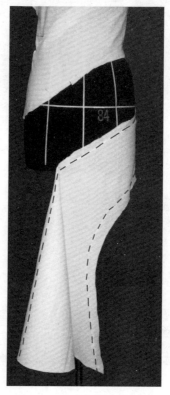

图9-6-22

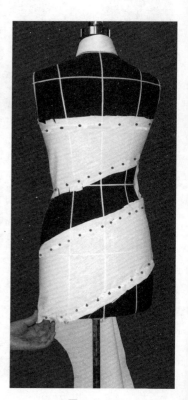

图9-6-21

图9-6-23：再取另段坯布，做前后的空缺部份的衣身。

图9-6-24：最后画出裙身下部的波浪造型线。

图9-6-25、图9-6-26：为最后成型的正视图与背视图。

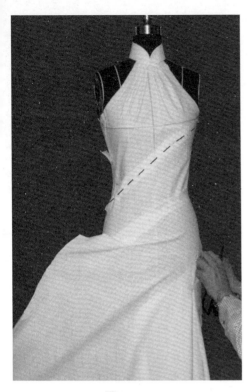

图9-6-23

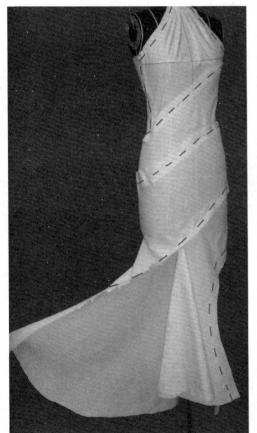

图9-6-24

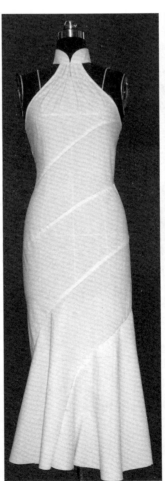

图9-6-25

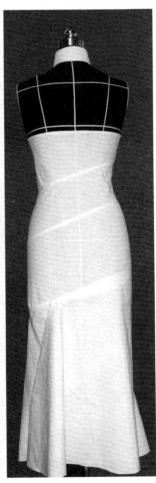

图9-6-26

9.7 斜形交叉分割礼服

造型如图9-7-1、图9-7-2。

款式分析：

衣身廓形：长曲线X形廓体。

结构要素：交叉式分割衣身，波浪裙身。

腰围线以上曲面处理量：

前片——转入交叉式分割；

后片——转入横向分割。

胸围线以下曲面处理量：

前片——转入交叉式分割；

后片——转入横向分割。

领窝造型——按V字形宽头型设计。

袖窿造型——按无袖袖窿19~22cm设计。

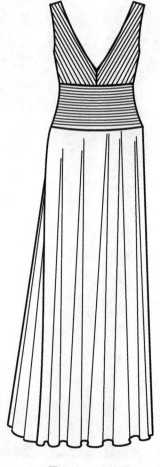

图9-7-2 背视图　　　　　　　　　　　图9-7-1 正视图

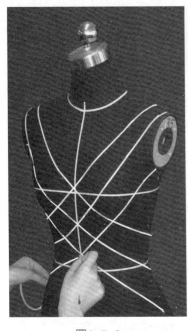

图9-7-3

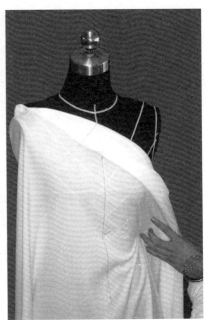

图9-7-4

图9-7-5

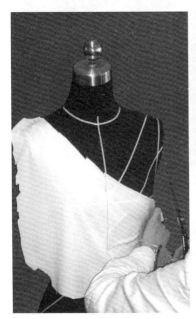

图9-7-6

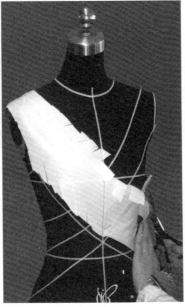

图9-7-7

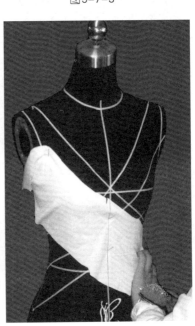

图9-7-8

操作步骤：

图9-7-3：在人台上作分割线的标志线。

图9-7-4：作好的分割造型线要注意左右对称，美观流畅。

图9-7-5：取长＝腰节、宽＝B/2+10cm的坯布，画出前中线，覆于人台。

图9-7-6：按第一条分割造型线形状粗剪去多余坯布。

图9-7-7：按第一条分割造型线形状细剪，留2cm缝份后剪去多余量。

图9-7-8：按第二条分割造型线形状细剪，留2cm缝份后剪去多余量。

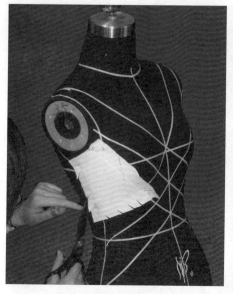

图9-7-9

图9-7-10

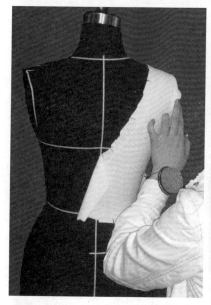

图9-7-11

图9-7-12

图9-7-13

图9-7-9：按左右分割造型线交叉的腋下空白部位造型线形状细剪留下2cm缝份后，剪去多余量。

图9-7-10：取长＝腰节长、宽＝B/4+5cm的坯布，画出后中线，覆于人台。

图9-7-11：按后领口及袖窿，腰节造型线形状，留2cm缝份后剪去多余量。

图9-7-12：按后腰部分分割造型线剪切坯布。

图9-7-13：取长＝前裙长＋25cm、宽＝裙摆/2+20cm坯布，画出前中线及横向WL，覆盖于人台，并按波浪裙方法作出波浪裙布样。

取长＝后裙长＋20cm、宽＝裙摆/2+15cm坯布，画出后中线及横向WL，覆盖于人台，并按波浪裙方法作出波浪裙布样。

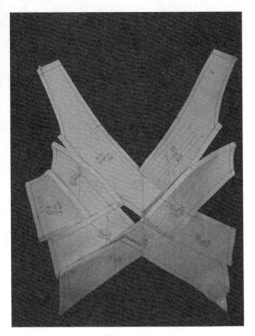

图9-7-14

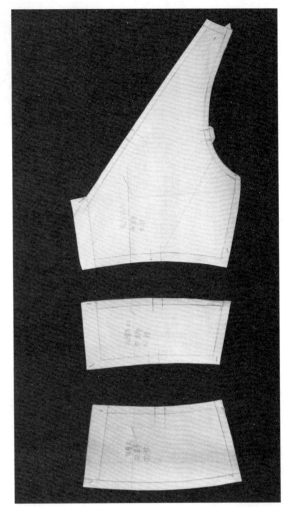

图9-7-16

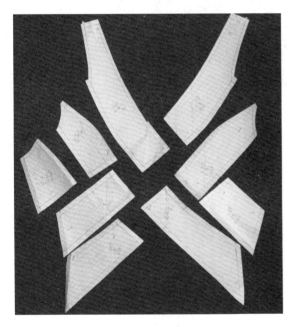

图9-7-15

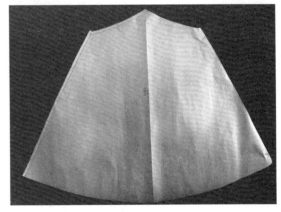

图9-7-17

图9-7-14：将前后分割衣片及裙身取下整烫,修剪,画顺。

图9-7-15～图9-7-18：最后完成的衣片坯布布样。

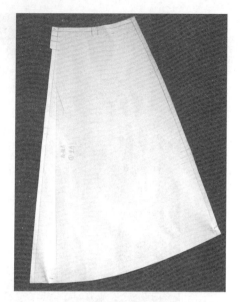

图9-7-18

取实际布料作成皱褶后,按坯布布样覆盖其上剪切,作成有多余皱褶的实际布料的分割衣片,裙身则按坯布布样形状剪切。

图9-7-19、图9-7-20:最后缝制而成的礼服前后视图。

图9-7-19

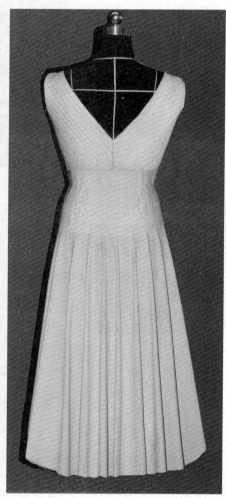

图9-7-20

9.8 扭曲、折叠造型裙礼服

造型如图9-8-1、图9-8-2。

款式分析：

衣身廓形：长曲线X形廓体。

结构要素：扭曲衣身结构，斜形折叠结构，抽缩裙身结构。

腰围线以上曲面处理量：

前片——扭曲衣身结构；

后片——斜形折叠结构。

胸围线以下曲面处理量：

前片——抽缩裙身；

后片——抽缩裙身。

领窝造型——按宽头型V字形造型设计。

袖窿造型——按无袖袖窿深19~22cm设计。

图9-8-1 正视图

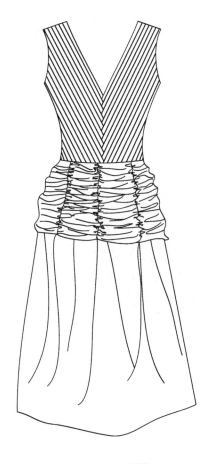

图9-8-2 背视图

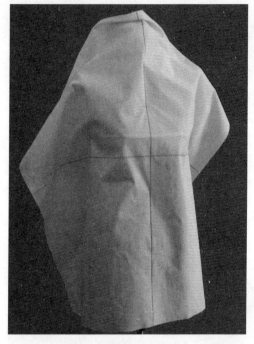

图9-8-3

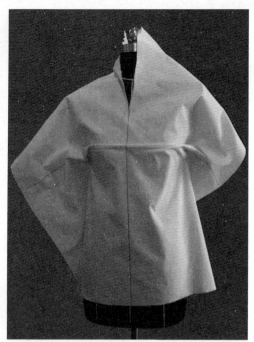

图9-8-4

图9-8-5

图9-8-6

操作步骤：

图9-8-3：取长=60cm、宽=B+10cm（考虑扭曲布结的量）的矩形坯布，画准经向前中心线，纬向BL、WL线，且与人台覆合一致。

图9-8-4：将前浮余量捋至前中线处。

图9-8-5：将前浮量折成皱褶，且多将腰部以下布料推至前胸部形成必要的皱褶量，并按造型修剪去部分腰部衣身。

图9-8-6：在前领口、袖窿、侧缝、腰部作造型线，留2cm缝份，剪去多余坯布。

图9-8-7：在前中心线处将皱褶量整理并且用头针固定于人台。

图9-8-8：固定部分约长15cm（考虑到扭曲布结的宽度），将左侧的布料拉向右侧。

图9-8-9：将左侧拉向右侧的布料上段折光，中线段15cm左右以下部分剪开并折光，腰部以下作剪切口。

图9-8-10：取与右侧相同的坯布，重画准经向前中心线，纬向BL、WL线，且与人台覆合一致，并安右侧造型用标志线作出左侧上段造型线。

图9-8-11：将前浮余量及造型所需皱褶量将至前中线，并在前中线处留出15cm（作好皱褶后的布料），剪开腰部水平造型线（位置与右侧相同）。

图9-8-12：理顺皱褶后，将左侧布料插入右侧布料的15cm宽的空隙内。

图9-8-7

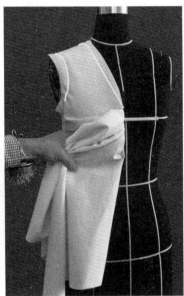

图9-8-8

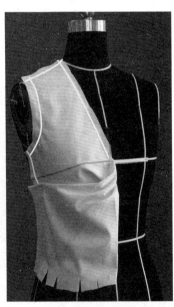

图9-8-9

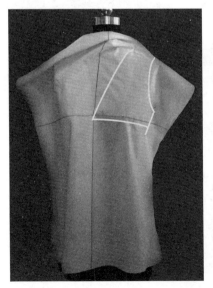

图9-8-10

图9-8-11

图9-8-12

图9-8-13

图9-8-14

图9-8-15

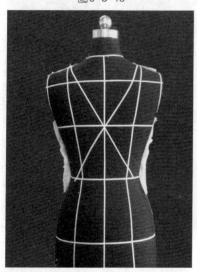
图9-8-16

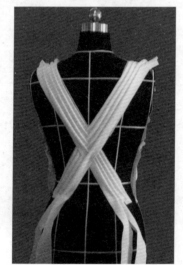
图9-8-17

图9-8-18

图9-8-13：将穿过右侧布环的左侧的布料拉紧理顺且在横向折光。

图9-8-14：整理左侧下端衣身，使其皱褶形状与右侧相同。

图9-8-15：在侧缝、底边处作标志线并剪去多余坯布，固定右侧衣身与左侧形成自然皱褶的扭曲造型衣身。

图9-8-16：在人台后衣身处作造型标志线。

图9-8-17：取45°正斜布料剪成4cm宽折光，按后衣身造型线覆盖于人台，且左侧与右侧的布条成交叉型折叠。

图9-8-18：经过交叉折叠面形成具有立体感的美

图9-8-19

丽造型后,在肩缝、袖窿、侧缝处作造型线,剪去多余坯布。

幅的矩形坯布,在均匀的5个部位用缝纫机粗缝后,抽缩使其成为自然皱褶。

图9-8-19:取长=1.5倍裙摆长、宽=门

图9-8-20:抽缩后,将裙身覆合于人台,将上段折光固定于前衣身。

图9-8-20:将后裙身对合后按后中线修剪,且将皱褶作成斜向垂褶的造型。

图9-8-21:前衣身上段为扭曲皱褶,裙身上段为水平皱褶,下段为纵向波浪,后衣身上段为斜向折叠,裙身为斜向垂褶的造型。

图9-8-22、图9-8-23:为最后成型的正、侧视图。

图9-8-21　　　　　　　　图9-8-23

图9-8-20　　　　　　　　图9-8-22

9.9 婚纱

造型如图9-9-1、图9-9-2。

款式分析：

衣身廓形：长曲线X形廓体。

结构要素：分割式极贴体衣身，膨松裙身结构。

腰围线以上曲面处理量：

前片——分割式贴体衣身。

胸围线以下曲面处理量：

前片——腰部抽褶；

后片——腰部抽褶。

袖窿造型——按无袖袖窿深19~22cm设计。

图9-9-1　正视图

图9-9-1　背视图

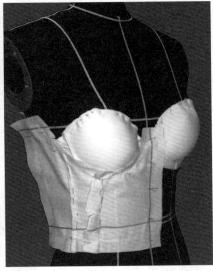

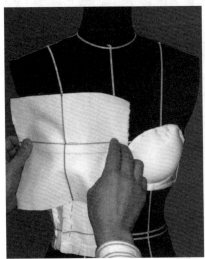

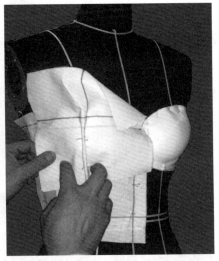

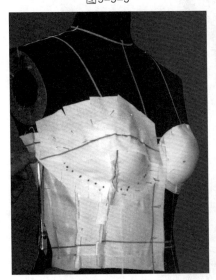

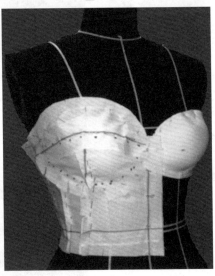

图9-9-3

图9-9-4

图9-9-5

图9-9-6

图9-9-7

图9-9-8

操作步骤:

图9-9-3:在人台上装补正纹胸,以增加胸部立体感,符合人体穿着时的实际状态。

图9-9-4: 取经向布料,画前中线,覆合于人台作分割线符合人体腰部形态。

图9-9-5:取长=20cm、宽=20cm的布料,画出经向中线,纬向BL覆合于人台。

图9-9-6:将坯布上部抚平,将浮余量下移至BL以下。

图9-9-7:将胸部多余量作省道消除,并作出胸下部造型线的点影线。

图9-9-8: 最后作成的胸部里布造型。

图9-9-9:取经向布料画出经向后中线,纬向BL、WL,并作腰省使其贴合人体。

图9-9-10:作三个金属环(或塑圈),第一个周长为H*+20cm,第二个周长为H*+50cm,第三个周长为H*+80cm,用绳、带将其串吊在一起并处于水平状态,相互之间间距25~30cm。

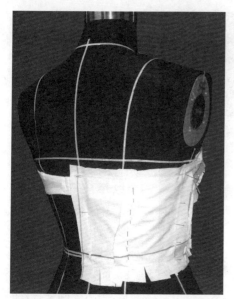

图9-9-9

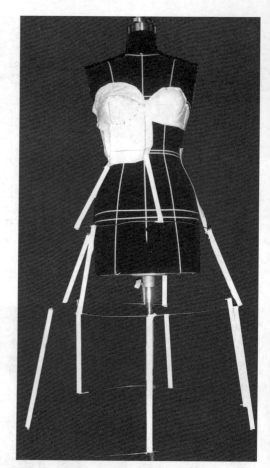

图9-9-10

图9-9-11

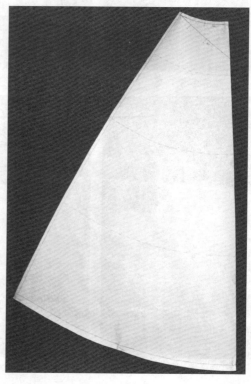

图9-9-12

图9-9-11、图9-9-12：取软缎长=WL~地面间距，上宽=W/4，下宽＝裙摆/4=(H*+80cm)/4+10cm=H*/4+30cm 的四片波浪裙作成裙里布。

图9-9-13：取硬纱三段，第一段长=30cm、宽=褶裥数×6cm，第二段长=40cm、宽=褶裥数×6cm，第三段长=60cm、宽=褶裥数×6cm，然后先将第一段作成褶裥后固定于腰部，第二段作成褶裥后固定于第一段布料内10cm，第三段折成褶裥后固定于第二段布料内10cm。

图9-9-14：正面观察并局部调整硬纱裙撑的造型。

图9-9-13

图9-9-14

图9-9-15：将里布上段（WL以上）取下烫平，修剪画顺形成的上段裙身的布样。

图9-9-16：最终完成的造型。

图9-9-15

图9-9-16

第10章 经典作品欣赏

本章收集了国际上运用立体裁剪的各类技法进行设计的经典作品，其中有不少国际大师的作品。这些作品之所以被称为经典，一是其造型既具装饰性也具功能性，是具有穿着价值和装饰艺术的生活服装；二是此类造型采用立裁的技法很到位、很规范，很有创意性。读者通过品析这些经典作品，可以从中汲取如何娴熟地使用立裁技法的经验，也可立足于立裁的技术平台上如何提高自己的艺术构思能力。

10.1 抽褶技法经典作品

见图10-1-1～图10-1-11。

图10-1-1

图10-1-2

图10-1-3

图10-1-5

图10-1-6

图10-1-4

图10-1-7

图10-1-8

图10-1-9

图10-1-10

图10-1-11

10.2 垂褶技法经典作品

见图10-2-1~图10-2-4。

图10-2-3

图10-2-1   图10-2-2   图10-2-4

10.3　波浪技法经典作品

见图10-3-1~图10-3-12。

图10-3-1

图10-3-2

图10-3-3

图10-3-4

图10-3-5

图10-3-6

图10-3-7

图10-3-8   图10-3-9

图10-3-10   图10-3-11   图10-3-12

10.4 折叠技法经典作品

见图10-4-1～图10-4-6。

图10-4-1

图10-4-2

图10-4-3　　　　　　　　　　　　　　图10-4-4

图10-4-5　　　　　　　　　　　　　　图10-4-6

10.5 扭曲技法经典作品

见图10-5-1~图10-5-5。

图10-5-2

图10-5-3

图10-5-1

图10-5-4

图10-5-5

10.6 编织、绣缀技法经典作品

见图10-6-1～图10-6-5。

图10-6-1

图10-6-2

图10-6-3

图10-6-4

图10-6-5

10.7 缠绕技法经典作品

见图10-7-1~图10-7-8。

图10-7-1

图10-7-2

图10-7-3

图10-7-4

图10-7-5

图10-7-6

图10-7-7

图10-7-8

10.8　几何体技法经典作品

见图10-8-1～图10-8-10。

图10-8-1

图10-8-4

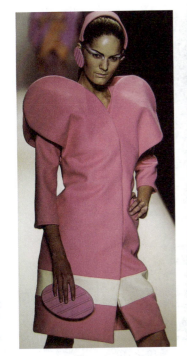

图10-8-2

图10-8-3

图10-8-5

图10-8-6

图10-8-7

图10-8-8

图10-8-9

图10-8-10